Elisabeth Hildt,

Was bedeutet genetische Information?

# Was bedeutet genetische Information?

Herausgeber
Elisabeth Hildt, László Kovács

de Gruyter
Berlin · New York

*Herausgeber*

PD Dr. Elisabeth Hildt
Philosophisches Seminar
Johannes Gutenberg-Universität Mainz
Jakob-Welder-Weg 18
D-55099 Mainz
E-Mail: hildt@uni-mainz.de

Dr. László Kovács
Lehrstuhl für Ethik in den Biowissenschaften
Eberhard Karls Universität Tübingen
Wilhelmstraße 19
D-72074 Tübingen
E-Mail: laszlo.kovacs@uni-tuebingen.de

Das Werk enthält 10 Abbildungen und 4 Tabellen.

Gedruckt mit Unterstützung der Deutschen Forschungsgemeinschaft
(Graduiertenkolleg 889: „Bioethik").

ISBN 978-3-11-020511-4

*Bibliografische Information der Deutschen Nationalbibliothek*

Die deutsche Nationalbibliothek verzeichnet diese Publikation in der Deutschen
Nationalbibliografie; detaillierte bibliografische Daten sind im Internet
über http://dnb.d-nb.de abrufbar.

Projektplanung und -management: Dr. Petra Kowalski.
Herstellung: Manfred Link.
Satz: Da-TeX Gerd Blumenstein, Leipzig, www.da-tex.de.
Illustrationen: Andreas Hoffmann, Berlin.
Druck/Binden: Strauss GmbH, Mörlenbach.
Einbandgestaltung: deblik, Berlin.

# Vorwort

Der vorliegende Sammelband geht auf den interdisziplinären Workshop „Was bedeutet ‚genetische Information'?" zurück, der am 7. und 8. Dezember 2007 in Tübingen stattfand. Diese öffentliche Veranstaltung wurde vom Lehrstuhl für Ethik in den Biowissenschaften gemeinsam mit dem Graduiertenkolleg Bioethik des Interfakultären Zentrums für Ethik in den Wissenschaften (IZEW) der Eberhard Karls Universität Tübingen durchgeführt.

Im Zentrum des Workshops standen grundlegende Fragen des Status genetischer Information und der Bedeutung genetischer Faktoren im Vergleich zu nichtgenetischen Faktoren sowie Überlegungen über die individuellen und gesellschaftlichen Implikationen des Umgangs mit genetischer Information. Diese wurden von Vertreterinnen und Vertretern der Medizin, Biologie, Ethik, Philosophie, Rechtswissenschaften und anderer Fachgebiete aus ihrer jeweiligen Perspektive bearbeitet und beleuchtet.

Frau Prof. Dr. Eve-Marie Engels kam in ihrer Doppelfunktion als Inhaberin des Lehrstuhls für Ethik in den Biowissenschaften und als Sprecherin des Graduiertenkollegs Bioethik bei der wissenschaftlichen Planung und Organisation des Workshops eine zentrale Rolle zu. Auf ihre Anregung geht nicht zuletzt auch die Wahl des Titels der Veranstaltung zurück. Frau Engels gilt daher unser besonders herzlicher Dank für ihre vielfältige Unterstützung.

Zudem danken wir allen anderen Personen, die zum Gelingen des Workshops und des daraus hervorgegangenen Sammelbandes beigetragen haben. Unser Dank gilt den Referentinnen und Referenten sowie denjenigen Wissenschaftlern, die wir zusätzlich als Autoren gewinnen konnten. Des Weiteren danken wir den Mitgliedern des Graduiertenkollegs Bioethik, die in jeweils individueller Weise die Moderation einzelner Workshop-Sitzungen übernommen haben.

Den studentischen und wissenschaftlichen Hilfskräften des Lehrstuhls für Ethik in den Biowissenschaften und des IZEW danken wir herzlich für ihre Unterstützung bei den Vorbereitungen und bei der Durchführung des Workshops. Insbesondere gilt unser Dank Frau Sigrun Heinze vom Sekretariat des Lehrstuhls für Ethik in den Biowissenschaften für ihre vielfältige Unterstützung im engeren und weiteren Umfeld des Workshops.

Zudem danken wir der Deutschen Forschungsgemeinschaft für die finanzielle Unterstützung bei der Veröffentlichung dieses Sammelbandes.

Tübingen und Mainz, im Juni 2009

Elisabeth Hildt
László Kovács

# Inhalt

# 1 Zur Bedeutung genetischer Information: Eine Einführung

*Elisabeth Hildt und László Kovács*

Dieser Sammelband erscheint zum 100-jährigen Jubiläum des Begriffs „Gen". Dieses kleine Wort wurde im Jahre 1909 durch den dänischen Botaniker Wilhelm Johannsen geprägt. Er führte den Begriff in die Vererbungsforschung ein in der Absicht, andere etablierte Begriffe wie „Anlagen" oder „Pangene", mit denen zu viele unklare oder falsche Annahmen aus älteren Theorien mitgedacht wurden, aus der Biologie zu verbannen und der Vererbungswissenschaft einen Neubeginn ohne die alte Last zu ermöglichen. In der Folge setzte sich das neue Wort in der Vererbungsforschung schnell durch und fand äußerst produktive Verwendungen.

Das Erscheinen des vorliegenden Sammelbandes trifft auch mit einem zweiten Jubiläum zusammen: Der Begriff der genetischen Information wurde im Jahre 2009 sechzig Jahre alt. Grundlage dafür war die 1948 von den amerikanischen Mathematikern Norbert Wiener und Claude Elwood Shannon entwickelte Kommunikationstheorie. Die beiden Theoretiker haben unabhängig voneinander die Steuerung von Prozessen der mathematisch-statistischen Berechnung zugänglich gemacht und dabei einen grundlegend neuen Informationsbegriff geprägt. Ihre Herangehensweise fand schnell Eingang in die damals relevanten Forschungsbereiche wie die Physik, die militärische Technologie und die Biologie, genauer die Genetik. Lebensphänomene wurden nach einem informationstheoretischen Modell gedeutet, wodurch ein vollkommen neues Bild des Organismus entstand. Der britische Genetiker John Haldane formulierte bereits 1948: „Allmählich lerne ich in Begriffen von Nachrichten und Rauschen zu denken ... Ich vermute, dass ein Großteil eines Tiers oder einer Pflanze redundant ist, denn es hat gewisse Probleme damit, sich exakt zu reproduzieren und es gibt eine Menge Rauschen. Eine Mutation scheint ein Stück Rauschen zu sein, das in eine Nachricht hineingerät. Wenn ich die Vererbung in Begriffen von Nachricht und Rauschen begreifen könnte, wäre ich schon ein gutes Stück weiter" (Kay 2001, S. 129). Obwohl Norbert Wiener in seinem Buch „*Cybernetics or Control and Communication in the Animal and the Machine*" bereits 1948 deutlich auf die genetische Übertragung von Nachrichten im Sinne einer Information hinwies, wurde die erste sachliche Anwendung der neuen Informationstheorie auf die Genetik im Artikel „The Information Content and Error Rate of Living Things" von Henry Quastler und Sydney M. Dancoff 1949 ausformuliert und in den folgenden Jahren vor allem durch Quastler vorangetrieben. Der darauf folgende Diskurs festigte diese neue Sicht so stark, dass James Watson und Francis Crick in ihrem epochemachenden Artikel über die Struktur der Desoxyribonukleinsäure (DNA) bereits 1953 einen hoffnungsvollen Bezug zu dieser Informationstheorie herstellten (Watson/Crick 1953) und der Molekulargenetik einen Weg in die Richtung der modernen Informationstheorie vorgaben. Dieser Perspektivenwechsel um das Ende der 1940er und den Anfang der 1950er Jahre machte eine Reihe von Forschungsansätzen möglich bis hin zu einer spezifischen informationstheoretisch geprägten Deutung des genetischen Codes. Die Übertragung des Begriffes aus der Kommunikationswissenschaft in die Genetik hat viele Erkenntnisse einer Interpretationsart ermöglicht, wenn auch einige andere verhindert (Kovács 2009). Der Erfolg des Begriffs „genetische Information" ist jedoch nicht abzustreiten.

Die Wissenschaft von den Genen kann nun auf die vergangenen hundert Jahre als eine einzigartige Erfolgsgeschichte zurückblicken. Insbesondere bildete die intensive molekulargenetische Forschung der letzten Jahrzehnte die Voraussetzung für immer detaillierter werdende Kenntnisse über Bau und Funktion von DNA, Genexpression, Genregulation und die Bedeutung epigenetischer Faktoren. Zudem rückte durch die Entschlüsselung des menschlichen Genoms im Rahmen des Humangenomprojektes und durch hiermit in Zusammenhang stehende Begleit- und Folgeprojekte in den vergangenen Jahren verstärkt die Bedeutung genetischer Faktoren für individuelle Charakteristika des Menschen und bei der Entstehung von Krankheiten ins Bewusstsein. So ist derzeit eine große Zahl teilweise sehr seltener, monogen bedingter Krankheiten bekannt. Darüber hinaus wurden für viele weit verbreitete Erkrankungen genetische Komponenten festgestellt oder vorgeschlagen. Beispiele stellen Herzkreislauferkrankungen, verschiedene Krebserkrankungen, Diabetes mellitus, Fettleibigkeit, Asthma und eine Reihe mentaler Erkrankungen dar.

Die auf diese Weise erworbene „genetische Information" hat zu vielfältigen Einsatzmöglichkeiten innerhalb der Medizin geführt. Hierzu gehören insbesondere zahlreiche genetische Analyseverfahren, die in verschiedenen Bereichen mit dem Ziel einer Prävention oder verbesserten Therapie von Erkrankungen eingesetzt werden. Im Umfeld einer künftig voraussichtlich an Bedeutung gewinnenden personalisierten Gesundheitsversorgung ist zu erwarten, dass genetische Diagnostik zunehmend zum Einsatz kommen wird, so beispielsweise im Zusammenhang der Pharmakogenetik.

Über diese medizinisch-naturwissenschaftlichen Bereiche hinausgehend entwickelte die in einem recht allgemeinen Sinne verstandene „genetische Information" auch vielfältige Auswirkungen auf unser Selbstverständnis und Zusammenleben, und zwar sowohl in individueller und familiärer als auch in gesellschaftlicher Hinsicht. Denn Kenntnisse in Bezug auf genetische Charakteristika spielen in einer Reihe verschiedener Zusammenhänge eine Rolle. Bezieht man sich auf den Vergleich verschiedener Genome, so geben sie Auskunft über die Verwandtschaftsbeziehungen des Menschen zu anderen Lebewesen. In diesem Zusammenhang stehen Fragen nach der Identität des Menschen, und danach, was den Menschen mit anderen nicht-menschlichen Lebewesen verbindet und worin er sich von ihnen unterscheidet. Mit Daten hinsichtlich der genetischen Konstitution einzelner Personen gehen neben möglichen Auswirkungen auf das gesundheitliche Wohlergehen der betreffenden Personen auch zahlreiche andere Fragen einher. Wie kommt die betreffende Person mit den Kenntnissen zurecht? Wie wirkt sich genetische Information auf die Lebensgestaltung von Personen aus, nicht zuletzt innerhalb gesellschaftlicher Rahmenbedingungen?

Vor dem Hintergrund dieser und ähnlicher Zusammenhänge ist die Leitfrage des Buches *Was bedeutet genetische Information?* zu sehen. So steht im Zentrum des vorliegenden Buches die Frage nach der Bedeutung genetischer Information sowohl in biologisch-medizinischer Hinsicht als auch für die betreffenden Personen und ihre komplexen Lebenszusammenhänge.

Zunächst einmal ist hierbei die Frage nach der Bedeutung des Begriffs „genetische Information" zu thematisieren: Was ist nach aktuellem Kenntnisstand unter „genetischer Information" zu verstehen? Inwieweit kann im Kontext der Genetik sinnvoll von „genetischer Information" gesprochen werden, inwieweit handelt es sich hier lediglich um eine irreführende, aus der Informations- und Kommunikationstechnologie übernommene Metapher? Inwieweit kommt genetischer Information ein Sonderstatus gegenüber anderen Formen biologischer oder medizinischer Information zu?

Zudem handelt es sich bei der Frage nach der *Bedeutung* genetischer Information um eine sehr facettenreiche Frage, auf die – in Abhängigkeit des jeweiligen Kontexts, in dem sie gestellt wird – eine Vielzahl unterschiedlicher Antworten gegeben werden können. Was bedeutet genetische Information auf zellulärer Ebene, was bedeutet sie in Bezug auf den gesamten Organismus und seine Entwicklung? Welche Bedeutung besitzt genetische Information in Bezug auf das (künftige) Auftreten von Erkrankung? Was bedeutet genetische Information für die betreffende individuelle Person und deren Selbstverständnis? Was bedeutet genetische Information für Familienangehörige, im Kontext von Familienplanungsentscheidungen oder in Bezug auf eine bestehende Schwangerschaft? Welche Bedeutung besitzt genetische Information innerhalb der Gesellschaft, in der Arbeitswelt oder im Umgang mit Versicherungen?

Die einzelnen Beiträge dieses Sammelbandes gehen aus jeweils unterschiedlicher Perspektive der Frage nach der Bedeutung genetischer Information nach.

*Elisabeth Hildt* beschäftigt sich in ihrem Beitrag mit der Fragestellung, ob bzw. inwieweit genetischer Information ein Sonderstatus verglichen mit anderen Formen medizinischer Information zukommt, welcher die Notwendigkeit besonderer Regelungen im Umgang mit genetischer Information begründen könnte. Hierzu geht sie zunächst auf den Begriff der „genetischen Information" ein und analysiert die Verwendung des Begriffs sowohl auf molekulargenetischer als auch auf medizinischer Ebene. Anschließend stellt sie die zugunsten eines Sonderstatus genetischer Information von Vertretern eines sogenannten „genetischen Exzeptionalismus" angeführten Argumente vor. Hierbei wird deutlich, dass sich ein einzelnes, für genetische Information mutmaßlich spezifisches Charakteristikum nicht nennen lässt. Vielmehr ergeben sich mögliche Besonderheiten genetischer Information aus dem komplexen Lebenszusammenhang, in dem diese üblicherweise steht. Zur Konkretisierung der relevanten Aspekte und Zusammenhänge geht Elisabeth Hildt dann auf den Bereich prädiktiver genetischer Diagnostik ein, wobei sie hier insbesondere die zentrale Relevanz autonomiebezogener Gesichtspunkte im Umgang mit genetischer Information herausarbeitet.

Im Anschluss hieran geht der Molekulargenetiker und Medizinethiker *Wolfram Henn* auf die Bedeutung genetischer Analyseergebnisse ein, indem er die Abhängigkeit sowohl der medizinischen als auch der psychosozialen Wertigkeit genetischer Informationen von zahlreichen biologischen und situativen Einflussfaktoren darstellt. Zur Erläuterung skizziert er eine grobe Systematik, anhand derer die Aussagekraft sowie das Nutzen- und Risikopotenzial molekulargenetischer Analyseergebnisse eingeordnet werden können. Hierzu unterscheidet Wolfram Henn zwischen vier Ebenen, welche er im Rahmen seines Beitrags detailliert ausführt: Zum einen die Ebene des Bezugs zur genetischen Norm, d. h. er unterscheidet in Abhängigkeit davon, ob ein Polymorphismus, eine Mutation oder eine unklassifizierte Genvariante vorliegt. Zum anderen die Unterscheidung nach der klinischen Manifestation, wobei in krankheitsdeterminierende, krankheitsdisponierende und protektive Genvarianten eingeteilt werden kann. Des Weiteren nach dem Kontext der Datenerhebung, d. h. in Abhängigkeit davon, ob es sich um ein differentialdiagnostisches Verfahren, um prädiktive Diagnostik, um ein Screening oder um pränatale Diagnostik handelt. Und schließlich nach dem Diskriminierungspotenzial, wobei zwischen offenbarungswürdigen, neutralen und besonders schutzwürdigen genetischen Daten unterschieden werden kann.

*Gerhard Wolff* und *Dagmar Wolff* beschreiben zunächst unterschiedliche Ebenen, auf denen sich genetische Information gewinnen lässt. Auch wenn laborchemische Untersuchungen und direkte genetische Analyseverfahren als bekannteste Quellen der genetischen Information gelten, sind diese Formen nicht die einzigen. Auch aus Familienanamnese, Eigenanamnese oder körperlichen Untersuchungen lassen sich vergleichbar wertvolle genetische Informationen erhalten. Unabhängig von der Art der Gewinnung ist diesen Daten eine gewisse Unschärfe eigen, weshalb sie nur in seltenen Fällen eine definitive Prognose ermöglichen. Genetische Information bezieht sich auf eine Wahrscheinlichkeits-Aussage und muss dem Betroffenen mit einer persönlich angemessenen Interpretation vermittelt werden. Dabei ist zu berücksichtigen, dass genetische Information über größere Zeiträume hinweg Bedeutung besitzt, dass nicht nur der Einzelne sondern auch mehrere Mitglieder einer Familie betroffen sein können, dass genetische Information unterschiedliche Reaktionen hervorrufen kann und nach einer psychosozialen und ethischen Bewertung verlangt. Aus Autorensicht unterscheidet sich die Problemstellung selbst nicht wesentlich von anderen Gebieten der Medizin, aber sie erfordert eine problemspezifische nicht-direktive Beratung.

Als Vertreter einer Selbsthilfeorganisation führt *Volker Obst* Beispiele an für die Schwierigkeiten, die aus dem Wissen um genetische Zusammenhänge entstehen können. Zunächst stellt er die Huntington-Krankheit vor, wobei er die Aspekte des Erlebens der krankheitsbedingten Alltagsprobleme betont und auf seinen persönlichen Bezug zu dieser Krankheit hinweist. Nach einer kurzen Darstellung der genetischen Analyseverfahren im Zusammenhang der Huntington-Krankheit schildert er anhand von sieben Erfahrungsberichten aus dem Umfeld der Deutschen Huntington Hilfe e. V. brennende Probleme, wobei er einen Teil dieser Fälle persönlich miterlebt hat. Benachteiligung bei der Berufswahl, Missachtung des Rechts auf Nicht-Wissen, Schwierigkeiten bei der Partnersuche, Probleme im Umgang mit Krankenkassen, Verdacht auf die Selbstverschuldung der Krankheit und Vorwürfe in der Öffentlichkeit spielen hierbei als Konsequenzen der genetischen Information eine wesentliche Rolle. Volker Obst stellt aber nicht nur Erfahrungsberichte vor, sondern er reflektiert auch kritisch über die dargestellten Zusammenhänge und geht vor dem Hintergrund seiner vielfältigen Erfahrungen auf Möglichkeiten ein, den Umgang mit genetischer Information innerhalb der Gesellschaft zu verbessern.

*Marianne Leuzinger-Bohleber, Tamara Fischmann, Nicole Pfenning* und *Katrin Luise Läzer* stellen in ihrem Beitrag ausgewählte Ergebnisse und klinische Beobachtungen der interdisziplinären europaweiten Studie „Ethical Dilemmas due to

Prenatal and Genetic Diagnostics (EDIG)" vor. Im Rahmen dieses Forschungspro-
jektes, das in den Jahren 2005 bis 2008 durchgeführt wurde, erfolgte eine Untersuchung der mit pränataler und genetischer Diagnostik verbundenen Dilemmata.
Hierzu wurden sowohl eine umfassende Fragebogen-Studie als auch semistruktu-
rierte Interviews durchgeführt. Im Vordergrund standen die im Fall eines auffälligen
pränatalen Befundes auftretenden Entscheidungskonflikte. Zunächst geben die Autorinnen einen Überblick über die Studie um anschließend deren Ergebnisse vorzustel-
len. Anhand einiger ausgewählter Beispiele verdeutlichen sie dabei anschaulich die
jeweiligen Zusammenhänge. Anschließend diskutieren sie aus psychoanalytischer
Perspektive ausführlich ein exemplarisches Beispiel. Hierbei wird das komplexe,
unter Umständen ausgesprochen problematische Erleben der betreffenden Frauen
im Umgang mit pränataler Diagnostik verdeutlicht. Vor dem Hintergrund der dargestellten Ergebnisse plädieren die Autorinnen abschließend für eine „verstehende"
Medizin im Bereich der Pränataldiagnostik.

Im Rahmen ihres Beitrags geht *Martina Paulsen* anschließend detailliert auf den
derzeitigen Forschungsstand hinsichtlich der sogenannten epigenetischen Form der
Vererbung ein. Die Epigenetik stellt insofern einen revolutionären Zweig der Vererbungsforschung dar, als sie sich mit der Vererbung von Informationen befasst, die
nicht durch die Abfolge von Nukleotidbausteinen innerhalb der DNA-Sequenz kodiert sind. Epigenetisch kodierte Informationen können über viele Zellteilungen hinweg an die neu entstehenden Zellen weitergegeben werden, jedoch können sie im
Gegensatz zu den Informationen der DNA-Sequenz auch wieder rückgängig gemacht werden. Martina Paulsen beschreibt zunächst die Kodierung epigenetischer
Informationen, welche insbesondere in Form von DNA-Methylierungen und Histonmodifikationen erfolgt, um dann die entwicklungsbiologische Bedeutung epigenetischer Informationen zu thematisieren. Im Anschluss geht sie auf die elterlich geprägten Gene ein und beschreibt dann die Flexibilität epigenetischer Vererbungsmechanismen. Nach der Vorstellung eines Mausmodells zur Untersuchung epigenetischer
Variabilität wird am Ende des Beitrags die derzeit nicht abschließend geklärte Frage diskutiert, ob bzw. inwieweit Umweltfaktoren und Transgenerationseffekte das
Epigenom des Menschen beeinflussen.

Genetische Information besitzt jedoch nicht nur im Zusammenhang des Menschen sondern auch in Bezug auf alle anderen Lebewesen zentrale Relevanz. Eine Erweiterung des Horizonts auf transgene Organismen, vor allem auf transgene
Tiere, leistet *Kirsten Schmidt*. In ihrem Beitrag verweist sie auf intrinsische und extrinsische Einwände, die gegen die Erzeugung und Haltung transgener Tiere vorgebracht wurden. Sie konzentriert sich auf klassisch intrinsische Einwände, die sich
gegen die genetische Methode als solche richten, wobei diese Einwände ihrer Ansicht zufolge häufig auf eine falsche öffentliche Interpretation der metaphorischen
Beschreibung genetischer Information zurückzuführen sind. Demnach vermittelt die
Verwendung des Begriffs „Information" in der Genetik dem Laien mehrere Missverständnisse, insbesondere den Eindruck von Übertragbarkeit und einer vom Träger
unabhängig existierenden Größe sowie unangemessene Erwartungen in Bezug auf
die Kombinierbarkeit von Informationseinheiten und die Eindeutigkeit einzelner Anweisungen und Auskünfte. Solche Vorstellungen tragen aus Sicht der Autorin zum
Entstehen ungerechtfertigter Ängste und Bedenken gegen den Einsatz von bestimmten genetischen Methoden bei Tieren bei. Vor dem Hintergrund dieser Beispiele

argumentiert Schmidt für eine besondere Vorsicht bei der Verwendung von Informationsmetaphern in der öffentlichen Kommunikation über Genetik.

Im Beitrag von *Jürgen Simon* und *Jürgen Robienski* wird deutlich, dass auch bei der Auseinandersetzung über das deutsche Gendiagnostikgesetz die Handhabung von genetischer Information eine zentrale Rolle spielt. Aus juristischer Sicht schlagen sie eine Unterscheidung zwischen genetischer Information als gemeinsames Konzept der Natur in jeder Zelle und genetischen Daten als individuelle Gesundheitsinformation vor. Anschließend argumentieren sie für eine Sichtweise, gemäß welcher genetische Daten keines größeren Schutzes bedürfen als andere Gesundheitsdaten. Daraus stellt sich die Frage nach der Notwendigkeit eines Gendiagnostikgesetzes in Deutschland. Jürgen Simon und Jürgen Robienski zeichnen die Entwicklung der jahrelangen Debatte um dieses Gesetz nach und gehen auf die drei Kernbereiche der Gesetzesentwürfe ein: genetische Diagnostik am Arbeitsplatz, genetische Diagnostik und Versicherungen sowie genetische Abstammungsuntersuchungen, wobei aus ihrer Sicht in allen drei Bereichen bislang ausreichende Regelungen vorhanden waren. Den Autoren zufolge bringt das Gesetz keine deutliche Erhöhung des Schutzniveaus und keine größere Rechtssicherheit, vielmehr stehe es in erster Linie im Dienste eines genetischen Exzeptionalismus.

Im abschließenden Beitrag untersucht *László Kovács* das öffentliche Verständnis der genetischen Information und dessen Herkunft. Er stellt fest, dass Genetik in der heutigen Gesellschaft eine enorme Deutungsmacht für viele Lebensphänomene entwickelt hat, was sich unter anderem als vorteilhaft für die Interessen der im Bereich der Genetik tätigen Wissenschaftler gestaltet. Demnach ist diese Deutungsmacht zu einem erheblichen Teil durch die Medien entstanden, wobei die Behauptung, dass solche Verzerrungen in der öffentlichen Deutung allein auf eine bewusste Öffentlichkeitsarbeit der Genetiker zurückzuführen sei, aus Sicht des Autors nicht zu rechtfertigen ist. Er belegt diese Ansicht mit Ergebnissen aus einer umfangreichen qualitativen Medienanalyse, in der sich gezeigt hat, dass metaphorische Konzepte das Verständnis von genetischer Information in der Öffentlichkeit wesentlich beeinflussen. Einerseits sind diese metaphorischen Konzepte offen für unterschiedliche Interpretationen, sie lassen sich also nicht mit einer kalkulierten Absicht einsetzen. Andererseits wurden sie nicht für die Öffentlichkeit geprägt, da sie bereits im wissenschaftlichen Diskurs etabliert waren, als sie die Grenze zur Öffentlichkeit überschritten. Vor diesem Hintergrund weist László Kovács auf die Notwendigkeit einer Korrektur entsprechender Sprachverwendungen hin.

## Literaturverzeichnis

Kay L. E. (2001): *Das Buch des Lebens. Wer schrieb den genetischen Code?*, München: Carl Hanser Verlag.

Kovács L. (2009): *Medizin – Macht – Metaphern. Sprachbilder in der Humangenetik und ethische Konsequenzen ihrer Verwendung*, Frankfurt am Main: Peter Lang Verlag.

Watson J. D./Crick F. H. C. (1953): Genetical Implications of the Structure of Deoxyribonucleic Acid, *Nature*, Vol. 171, S. 964–967.

Wiener N. (1948): *Cybernetics or Control and Communication in the Animal and the Machine*, New York: John Wiley & Sons.

# 2 Was ist das Besondere an genetischer Information?

*Elisabeth Hildt*

In den letzten Jahren ist das Gewicht, das Kenntnissen hinsichtlich der genetischen Konstitution für unser Leben, unser Selbstverständnis und unsere Gesundheit zugemessen wird, deutlich gewachsen. Insbesondere hat das gestiegene Wissen über die Bedeutung genetischer Faktoren bei der Entstehung von Krankheiten die Entwicklung zahlreicher genetischer Analyseverfahren ermöglicht. Besondere Aktualität erlangen diese Zusammenhänge im Hinblick auf den derzeit entstehenden Markt für sogenannte Direct-to-Consumer-Gentests (vgl. Hogarth et al. 2008).

Angesichts dieser feststellbaren Tendenz, die menschliche Existenz im Allgemeinen und gesundheitsbezogene Fragen im Besonderen vor dem Hintergrund der Genetik zu betrachten, ist eine umfassende Reflexion über den Umgang mit genetischen Daten, häufig als genetische Information bezeichnet, erforderlich. Hierzu gehören Überlegungen hinsichtlich adäquater Zugangsbedingungen zu genetischen Analyseverfahren und hinsichtlich des Status der erzielten Ergebnisse sowie Regelungen für den Umgang mit genetischer Information am Arbeitsplatz oder im Zusammenhang mit Versicherungen.

Bei der Diskussion dieser Fragestellungen und der Suche nach adäquaten Rahmenbedingungen und Regelungen ist der Pfad häufig sehr schmal zwischen einer abwartenden, als Laissez-faire-Haltung kritisierbaren Position auf der einen Seite und dem Vorwurf auf der anderen Seite, hier werde zugunsten unangemessener Sonderregelungen im Umgang mit genetischen Analysen plädiert. Denn im Hintergrund der oben genannten Praxiszusammenhänge steht die grundsätzliche Frage, ob bzw. inwieweit genetischer Information ein Sonderstatus verglichen mit anderen Formen medizinischer Information zukommt, welcher die Notwendigkeit besonderer Regelungen im Umgang mit genetischer Information begründen könnte. Auf diese Frage wird im Folgenden eingegangen.

Hierzu erfolgt zunächst eine kurze Analyse der Verwendung des Begriffs der genetischen Information (vgl. Kap. 2.1). So spielt der Begriff „genetische Information" sowohl auf molekularbiologischer Ebene als auch auf medizinischer Ebene eine zentrale, wenn auch unterschiedliche, Rolle. Im Anschluss an einen Überblick über die angesichts der Frage nach einem Sonderstatus genetischer Information, d. h. hinsichtlich eines „genetischen Exzeptionalismus", geführte Diskussion wird deutlich (vgl. Kap. 2.2): Mögliche Besonderheiten genetischer Information beruhen nicht so sehr auf einem einzelnen, für genetische Information mutmaßlich spezifischen Charakteristikum sondern ergeben sich vielmehr aus dem komplexen Lebenszusammenhang, in dem genetische Information üblicherweise steht. Dies wird anschließend am Beispiel postnataler prädiktiver genetischer Diagnostik und der sich hieraus ergebenden Implikationen dargestellt (vgl. Kap. 2.3).

## 2.1 Genetische Information

Der Begriff „genetische Information" wird umgangssprachlich üblicherweise im Sinne von „Erbinformation" gebraucht. Jedoch stellt er bei genauerem Hinsehen einen recht vielseitig verwendeten Begriff dar. Insbesondere in zwei unterschiedlichen, jedoch miteinander verbundenen Kontexten besitzt der Begriff „genetische Information" große Bedeutung: Zum einen innerhalb der Molekularbiologie in Bezug auf die Basensequenz der DNA und die Proteinbiosynthese. Zum anderen im Zusammenhang der Ergebnisse genetischer Analysen. Auf beide Begriffszusammenhänge sei im Folgenden eingegangen.

### 2.1.1 Basensequenz und Proteinbiosynthese

In der Molekularbiologie spielt der Begriff der „genetischen Information" im Zusammenhang von Struktur und Funktion von Desoxyribonukleinsäuren (DNAs) und Ribonukleinsäuren (RNAs) eine zentrale Rolle. So sind in allen Organismen die Nukleinsäuren Träger der genetischen Information. Ihnen kommen zwei wesentliche Aufgaben zu: „sie dienen als Vorlage für die Proteinsynthese und sie gewährleisten die Weitergabe der in ihnen niedergelegten Information bei jeder Zellteilung"(Murken/Cleve 1996, S. 1).

In Bezug auf die erste genannte Aufgabe stellt der „Fluss der genetischen Information von der DNA über die RNA zum Polypeptid" das zentrale Dogma der Molekularbiologie dar (Buselmaier/Tariverdian 1999, S. 23).[1] Hierbei erfolgt zunächst im Zuge der Transkription die Informationsübertragung von DNA auf m-RNA; anschließend wird im Zellplasma die Information der m-RNA in Proteine umgesetzt, ein Vorgang, der als Translation bezeichnet wird (Murken/Cleve 1996; Buselmaier/Tariverdian 1999). Mit Bezug auf die zweite zentrale Aufgabe von Nukleinsäuren lässt sich genetische Information charakterisieren als „die in der Basensequenz von DNA codierte Information über die erblichen Eigenschaften eines Organismus. Bei manchen Viren ist die genetische Information in Form von RNA-Basensequenzen verschlüsselt" (Herder 1994, S. 22).

Auf den für diese Definitionen und Beschreibungen zentralen Informationsbegriff muss jedoch zur umfassenden Charakterisierung der relevanten Wechselbeziehungen näher eingegangen werden. So werden bei einem Informationszusammenhang (vgl. Herder 1994, S. 348) bestimmte Gegebenheiten, d. h. der Inhalt der Information, durch Symbole, Zeichen oder Signale ausgedrückt. Die solcherart zustande gekommene Meldung oder Nachricht wird von einem Sender an einen Empfänger übermittelt. Für den Empfänger ist hierbei vor allem die Bedeutung der Meldung wichtig, d. h. dasjenige, was die Meldung auf der Senderseite repräsentiert. Denn dies stellt die Information dar, die dem Empfänger übermittelt wird. So bezieht sich der Begriff „Information" auf die Bedeutung oder den Gehalt einer Mitteilung, und nicht auf die Symbole, Zeichen oder Signale. Zu einem Informationszusammenhang gehören somit die folgenden Funktionsglieder: der Inhalt der Information und dessen Übersetzung in Symbole, Zeichen oder Signale; die Übertragung der Symbole,

---

[1] Allerdings gilt dieses Dogma angesichts der Tatsache, dass RNA-Sequenzen auch als Vorlage für die DNA-Synthese dienen können, nicht mehr uneingeschränkt, „da hier der Informationsfluß umgekehrt verläuft" (Buselmaier/Tariverdian 1999, S. 24).

Zeichen oder Signale vom Sender zu einem noch nicht informierten Empfänger. Auf Seiten des Empfängers erfolgt dann die Ermittlung des Inhalts der empfangenen Signale oder das dementsprechende Reagieren des Empfängers.

Demnach besteht ein Informationszusammenhang zwischen der DNA und den phänotypischen Merkmalen – also den das körperliche Erscheinungsbild eines Organismus ausmachenden Merkmalen – dahingehend, dass von der DNA, dem Sender, die in der Basensequenz codierte Information an den Empfänger, d. h. die restliche Zelle, den Organismus bzw. letztlich „den Phänotyp", weitergeleitet wird, auf dessen Ebene dann der „eigentliche Inhalt" der empfangenen Signale ermittelt wird und entsprechend reagiert wird.

Dieser Zusammenhang kommt zum Ausdruck in der folgenden Formulierung (Herder 1994, S. 348): „Die DNA enthält die genetische Information für die Struktur der Proteine und damit auch – vermöge der spezifischen Wirkungen der Proteine – für den Bau, die Lebenserscheinungen des Organismus und für die genetisch bedingten Anteile seiner Verhaltenssteuerung. Die genetische Information prägt in diesen Hinsichten den Phänotyp." Hierbei wird zudem eine weit verbreitete Unterscheidung formuliert, wonach – in Bezug auf den Phänotyp eines Organismus – zwischen genetisch bedingten Anteilen und erworbenen bzw. durch Umwelteinflüsse bedingten Anteilen unterschieden wird (vgl. Nature-Nurture-Unterscheidung).

Vergleicht man vor diesem Hintergrund genetische Information mit anderer auf Lebewesen bezogener biologischer Information, wie z. B. der Konzentration eines bestimmten Enzyms innerhalb einer Zelle oder einer Abfolge von Aktionspotentialen, so kann als Charakteristikum von genetischer Information genannt werden:

– Die Information liegt in codierter Form in jeder Körperzelle gleichermaßen vor.
– Die codierte Information bleibt – abgesehen von Spontanmutationen – unverändert über längere Zeiträume erhalten; sie kann innerhalb längerer Zeiträume wirksam werden.
– Sie wird an die Nachkommen weitergegeben.
– Im Zusammenspiel mit anderen Faktoren ist sie wichtig für die Ausprägung des Phänotyps.

Susan Oyama hat einen in diesem Zusammenhang sehr interessanten Ansatz entwickelt, im Rahmen dessen sie betont, dass die Basensequenz erst durch die Mitwirkung komplexer zellulärer Prozesse zur eigentlichen Information wird. Denn Voraussetzung dafür, dass aus der Basensequenz „genetische" Information entsteht, ist das Ablesen und Interpretieren der Sequenz innerhalb der Zelle; ohne die Mitwirkung zellulärer Faktoren wäre keine Information verfügbar. Mit dieser Position richtet sich Oyama gegen eine „präformationistische" Einstellung gegenüber Information, welche auf der irrigen Ansicht beruht, Information existiere vor ihrer Verwendung oder Expression – und somit auch gegen eine strikte Unterscheidung zwischen der Rolle ererbter und erworbener Aspekte.

In diesem Kontext formuliert Susan Oyama (Oyama 2000, S. 24): „In any instance of gene transcription, the gene ‚selects' from the available chemical constituents and is ‚selected' or activated by other factors. These other factors may include those very constituents, or gene products." So kann die in der DNA-Sequenz enthaltene Botschaft nur entschlüsselt werden mithilfe von Faktoren, die durch genau diese Botschaft bedingt sind. Die DNA-Sequenz wird demnach je nach

Entwicklungszusammenhang auf unterschiedliche Art und Weise interpretiert, was zu unterschiedlichen phänotypischen Resultaten führen kann.

Unter diesem Blickwinkel betrachtet kann von genetischer Information im eigentlichen Sinne, welche codiert in der Basensequenz vorliegt, daher nicht gesprochen werden. Vielmehr entsteht die Information erst durch das komplexe Zusammenspiel zwischen DNA und anderen Faktoren auf zellulärer Ebene und auf Ebene des Gesamtorganismus.

### 2.1.2 Ergebnisse genetischer Analysen

Im Unterschied zu der im vorigen Kapitel beschriebenen inhaltlichen Füllung wird der Begriff „genetische Information" in medizinischen Zusammenhängen zumeist gebraucht in Bezug auf Kenntnisse über den genetischen Status einer Person. Insbesondere werden hierunter die Ergebnisse genetischer Analysen verstanden.

In diesem Kontext formuliert Alfred Maelicke (Maelicke 2001, S. 31): „DNA-Sequenzen sind eigentlich nur Struktur (Primärstruktur); sie werden erst zu Information durch unsere mit der Aufklärung des genetischen Codes erworbene Fähigkeit, diese Struktur *lesen*, d. h. als Erbinformation verstehen zu können." Hierbei geht es um die Bedeutung, welche die Kenntnis der DNA-Sequenzen für uns besitzt, und somit auch darum, in welchem Zusammenhang die als Erbinformation verstandenen DNA-Sequenzen zu individuellen Charakteristika, Krankheit oder künftigen Erkrankungswahrscheinlichkeiten stehen.

So ist es mithilfe von DNA-Analysen in zunehmendem Maße möglich zu ermitteln, inwieweit eine Person genetische Varianten trägt, die beim Auftreten bestimmter Krankheiten eine Rolle spielen. Derzeit sind Analyseverfahren auf über 1.700 genetisch bedingte oder mitbedingte Krankheiten und Behinderungen verfügbar (vgl. http://www.genetests.org). Die Inanspruchnahme genetischer Analysen ist grundsätzlich freiwillig; sie findet eingebettet in ein Beratungskonzept statt, im Rahmen dessen vor und nach der Testdurchführung umfassende genetische Beratung erfolgt (Kessler 1984; Hirschberg et al. 2009).

Genetische Analyseverfahren werden mit zwei verschiedenen Zielsetzungen eingesetzt (Murken/Cleve 1996; Buselmaier/Tariverdian 1999): zum einen um bei bereits erkrankten Patienten die jeweilige Diagnosestellung zu bestätigen oder zu spezifizieren und ggf. die Therapie am Analyseergebnis auszurichten; zum anderen um zu ermitteln, ob eine gesunde Person bestimmte DNA-Sequenzen trägt, welche prädiktiv für das Auftreten eines klinischen Phänotyps sind. Basierend auf den Analyseergebnissen werden hierbei Aussagen über das künftige Auftreten bestimmter Krankheiten getroffen. Dieser zweite breite Einsatzbereich bildet das Gebiet der prädiktiven genetischen Diagnostik.

Während einige autosomal dominante oder X-chromosomale Krankheiten annähernd unvermeidbar auftreten werden, wenn eine entsprechende Mutation vorhanden ist – man spricht hier von präsymptomatischer genetischer Diagnostik, wie zum Beispiel bei der autosomal dominant vererbten Erkrankung Chorea Huntington – sind zumeist nur Wahrscheinlichkeitsaussagen über das künftige Auftreten einer Erkrankung möglich.

So kann bei den innerhalb der Bevölkerung wesentlich weiter verbreiteten multifaktoriell bedingten Krankheiten (z. B. kardiovaskuläre Erkrankungen, verschiedene

Krebsformen, Diabetes mellitus), bei deren Auftreten mehrere Gene bzw. vielfältige Wechselwirkungen mit Umweltfaktoren eine Rolle spielen, basierend auf einer genetischen Analyse – man spricht hier von Suszeptibilitätstest – lediglich angegeben werden, inwieweit bei einer Person ein erhöhtes Risiko für einen möglichen künftigen Krankheitsausbruch vorliegt (Prädisposition).

Zudem besteht die Möglichkeit, mittels genetischer Analysen heterozygote Carrier rezessiver Erkrankungen zu ermitteln. Diese Personen werden nicht selbst von der entsprechenden Krankheit betroffen sein, jedoch besitzt das Analyseergebnis unter Umständen Relevanz im Kontext der Familienplanung.

Unter „genetischer Information" werden in erster Linie die durch genetische Analysen erzielten Kenntnisse bezüglich des genetischen Status einer Person verstanden. Entsprechende Kenntnisse können sich jedoch nicht selten bereits aus der Familiengeschichte einer Person oder auch aus anderweitig zugänglichen bzw. beobachtbaren Informationen ergeben, wie z. B. durch andere medizinisch-diagnostische Untersuchungen oder durch bestehende Krankheitssymptome. Insofern erscheint eine Ausdehnung des Begriffs auf diese indirekten Zusammenhänge angemessen.

Allerdings ist die Verwendung des Begriffs „genetische Information" hier keineswegs eindeutig. Denn sie ist durch eine nicht unproblematische Verkürzung gekennzeichnet. So kann zunächst das eigentliche Analyseergebnis, d. h. das Feststellen der An- oder Abwesenheit einer bestimmten Mutation, als genetische Information bezeichnet werden. Man könnte das Wissen um das Analyseergebnis als „Information über die Basensequenz der DNA" verstehen. Da sich der Informationsbegriff jedoch in erster Linie auf die *Bedeutung* der Botschaft bezieht, steht im medizinischen Kontext eigentlich die Aussage des Analyseergebnisses in Bezug auf das Vorhandensein bestimmter Charakteristika oder in Bezug auf das künftige Auftreten von Erkrankung im Mittelpunkt des Interesses.

Eine zentrale Schwierigkeit besteht nun darin, dass eine solche Zuordnung zumeist nicht eindeutig vorgenommen werden kann. Denn aufgrund des komplexen Zusammenspiels verschiedener Faktoren kann aus der Kenntnis der DNA-Sequenz alleine zumeist nicht auf den Phänotyp oder das künftige Auftreten einer Erkrankung oder bestimmter Krankheitssymptome geschlossen werden. Die eigentliche Bedeutung bzw. der eigentliche Informationsgehalt des Ergebnisses einer genetischen Analyse mag daher in wesentlicher Hinsicht unklar sein. Da jedoch der Begriff „Information" einen feststehenden Bedeutungsgehalt impliziert, kann dies zu Missverständnissen und übersteigerten Erwartungen hinsichtlich der Aussagekraft der erzielten Analyseergebnisse führen.

Ungeachtet dieser Schwierigkeiten und vielfältigen Bedeutungsfacetten wird hier dennoch aus pragmatischen Gründen am Begriff „genetische Information" festgehalten, wobei der Begriff ganz allgemein zur Umschreibung von Kenntnissen hinsichtlich der genetischen Konstitution eines Menschen verwendet wird.

## 2.2 Zur Frage des genetischen Exzeptionalismus

Unterscheidet sich genetische Information in grundlegender Hinsicht von anderen Formen gesundheitsbezogener Information? Für den Umgang mit genetischen Analyseverfahren und ihren Ergebnissen sowie mit genetischer Information im Allgemeinen besitzt die Antwort auf diese Frage weit reichende Implikationen. Denn hiermit

eng verbunden ist die Frage: Gibt es spezielle Charakteristika genetischer Information, die es rechtfertigen, genetische Information anders zu handhaben als andere
Formen gesundheitsbezogener Information?[2]

So wird unter „genetischem Exzeptionalismus" die Auffassung verstanden, dass
genetischer Information verglichen mit anderen Formen gesundheitsbezogener Information ein Sonderstatus zukommt, welcher es rechtfertigt, genetische Information
anders als in anderen medizinischen Kontexten stehende Information zu behandeln.
Hierbei kann zunächst eine starke Form genetischen Exzeptionalismus genannt werden, derzufolge genetische Testinformation einzigartig ist. Demnach unterscheidet
sich genetische Information aufgrund inhärenter oder qualitativer Charakteristika in
signifikanter Weise von anderen Formen gesundheitsbezogener Information, wodurch sie besonderen Schutz und das Ergreifen besonderer Maßnahmen erfordert.
Demgegenüber lehnt schwacher genetischer Exzeptionalismus dies ab, geht jedoch
davon aus, dass der Umgang mit genetischer Information in ethischer Hinsicht besondere Implikationen mit sich bringen kann, welche das Ergreifen spezieller Maßnahmen rechtfertigen (vgl. Launis 2003, S. 90).

Über die Frage nach einem möglichen Sonderstatus genetischer Information wird
eine äußerst vielgestaltige und kontroverse Diskussion geführt, deren zentrale Argumente und Argumentationsweisen im Folgenden skizziert werden (vgl. Holm 1999;
Green/Botkin 2003; Launis 2003; Schröder 2006; Evans/Burke 2008; McGuire et al.
2008).

Zunächst einmal stellt es ein Charakteristikum genetischer Information dar, dass –
sieht man von eineiigen Zwillingen ab – jeder Mensch einen einzigartigen genetischen Code besitzt. Anhand dieser Information können Menschen eindeutig identifiziert werden. Zudem mag es, zumindest in bestimmten Bereichen, möglich sein,
aus der Kenntnis genetischer Daten eines Individuums Aussagen über dessen Phänotyp zu treffen. Da sich die genetische Grundausstattung der Keimbahn über den
Lebensverlauf eines Menschen nicht ändert – wenn auch somatische Mutationen
auftreten können –, lassen sich hieraus unter Umständen auch noch in der ferneren
Zukunft entsprechende Aussagen und Interpretationen vornehmen. Angesichts eines
zu erwartenden technologischen Fortschritts mag man hier von künftig wesentlich
erweiterten Möglichkeiten ausgehen.

Dies erscheint problematisch aus zwei Gründen: Zum einen ist die Ansicht weit
verbreitet, genetische Information gäbe stärker als andere Information Einblick in
wesentliche Charakteristika, in Persönlichkeit und Identität der betreffenden Person.
Im Hintergrund steht hier häufig die als genetischer Determinismus zu bezeichnen-
de übersteigerte Ansicht, das Wesen einer Person, ihr Charakter, Verhalten und Ge-
sundheitsstatus seien in hohem Maße durch ihre Gene festgelegt. Vor diesem Hintergrund erweisen sich genetische Informationen als besonders sensibel. Zum anderen
werden mit genetischer Information verbundene Zusammenhänge häufig als unausweichlich und daher als besonders belastend empfunden. So kann die Mitteilung
von Ergebnissen genetischer Analysen für die betreffenden Personen mit besonderer
psychischer Stressbelastung einhergehen.

---

[2]  Vgl. hierzu auch die Beiträge von Gerhard Wolff und Dagmar Wolff sowie von Jürgen Simon und
Jürgen Robienski in diesem Band.

Allerdings sind die meisten Eigenschaften eines Menschen nicht in einem solch hohen Maße genetisch festgelegt. Vielmehr sind zumeist nicht nur einzelne Gene, sondern insgesamt das komplexe Wechselspiel zwischen Genen und vielfältigen anderen physiologischen Faktoren und Umweltfaktoren verantwortlich für die Charakteristika eines Menschen. Vor einer generalisierenden Überschätzung der Bedeutung der Gene für unser Leben sei daher gewarnt. Nicht zuletzt spielt hier auch die subjektive Bedeutung, die Kenntnissen um genetische Komponenten zugebilligt wird, für das Selbstverständnis eine große Rolle, d. h. inwieweit die betreffenden Personen sich genetischen Faktoren ausgeliefert fühlen oder eigene Gestaltungsspielräume sehen und ausschöpfen. Zudem kann vorgebracht werden, dass es auch zahlreiche andere medizinische Informationen gibt, die sehr sensibel und zudem über den Zeitverlauf hinweg unveränderlich sind. Hierzu gehört bspw. die Diagnose einer Alzheimer-Erkrankung oder aber Kenntnisse über eine HIV-Infektion.

Als weitere Besonderheit genetischer Information wurde angeführt, dass anhand der Ergebnisse prädiktiver genetischer Analysen Aussagen über das künftige Auftreten bestimmter Erkrankungen getroffen werden können. So muss bei einigen seltenen dominant vererbten Erkrankungen mit hoher Penetranz – wie z. B. bei Chorea Huntington – vom künftigen Auftreten der Erkrankung ausgegangen werden, wenn bei einer Person eine entsprechende Mutation festgestellt wurde. Allerdings können zumeist lediglich mehr oder weniger gesicherte Wahrscheinlichkeitsaussagen über das künftige Auftreten einer Erkrankung getroffen werden. Denn die Beziehungen zwischen DNA-Mutation und klinischer Manifestation gestalten sich zumeist äußerst komplex. Bei Vorliegen einer bestimmten genetischen Variante muss in vielen Fällen aufgrund verminderter Penetranz und/oder variabler Expressivität mit individuellen Unterschieden im Auftreten und im Charakter der Krankheitssymptome gerechnet werden. Das Vorhandensein einer bestimmten genetischen Variante kann daher zumeist nicht mit dem künftigen Auftreten einer Krankheit oder einer bestimmten Form der Krankheitsausprägung gleichgesetzt werden. Als erschwerend im Umgang mit den Analyseergebnissen erweist sich zudem, dass häufig keine adäquaten präventiven oder therapeutischen Optionen verfügbar sind.

Jedoch wurde vorgebracht, auch die Möglichkeit zur Prädiktion stelle kein alleiniges Charakteristikum genetischer Information dar. So können hier auch andere in der Medizin verwendete Prädiktoren mit durchaus vergleichbarer Funktion genannt werden, wie z. B. Alter, Blutdruck, Cholesterinspiegel oder Raucherstatus.

Als weiteres Charakteristikum genetischer Information lässt sich die besondere Rolle nennen, die genetischen Zusammenhängen für die Verbundenheit mit unseren direkten Familienangehörigen zukommt. So können Kenntnisse über den genetischen Status einer Person zahlreiche Auswirkungen auf deren genetisch verwandte Familienangehörige besitzen. Denn bei Familienmitgliedern kann unter Umständen auf erhöhte Risiken für das Auftreten bestimmter Erkrankungen geschlossen werden, wenn bei einem Angehörigen eine entsprechende Mutation bekannt ist. Allerdings wurde angeführt, auch dies stelle letztlich kein Sondermerkmal genetischer Information dar, denn erhöhte Erkrankungsrisiken durch familiäre Zusammenhänge bestehen auch für nicht-genetische Erkrankungen wie Tuberkulose oder HIV-Infektionen.

Von zentraler Bedeutung gestaltet sich zudem der mögliche Einfluss von Kenntnissen hinsichtlich der genetischen Konstitution auf Fragen der Familienplanung. Die hiermit verbundene Problematik wird besonders deutlich im Umfeld genetischer

Pränataldiagnostik und der im Fall genetischer Auffälligkeiten dilemmatischen Ent-scheidungssituation hinsichtlich der Frage nach einem Fortführen oder Abbrechen der Schwangerschaft (vgl. Leuzinger-Bohleber et al. 2008).

Nicht zuletzt spielt in Bezug auf einen möglichen Sonderstatus genetischer Infor-mation auch das mit genetischer Information verbundene Missbrauchs-, Stigmatisier-ungs- und Diskriminierungspotenzial eine Rolle, welches insbesondere vor dem Hintergrund der historischen Erfahrung um Missbrauchsmöglichkeiten zu sehen ist. Auch wenn die Sorge vor Missbrauch, vor allem im Umgang mit Versicherungen und am Arbeitsplatz, durchaus berechtigt ist, so lässt sich allerdings auch hier anführen: Auch mit anderen medizinischen Informationen, so bspw. mit Aussagen über eine bestehende HIV-Infektion, ist ein Diskriminierungspotenzial verbunden.

Zusammenfassend kann festgestellt werden: Keines dieser Argumente allein mag dazu dienen, genetischer Information einen Sonderstatus im Sinne des starken genetischen Exzeptionalismus zuzuschreiben. Vielmehr lassen sich jeweils auch in anderen medizinischen Bereichen Informationen finden, welche die genannten Charakteristika aufweisen. Die Position eines starken genetischen Exzeptionalismus kann vor diesem Hintergrund als nicht haltbar angesehen werden.

Allerdings handelt es sich bei den oben beschriebenen Aspekten durchaus um Charakteristika, die gemeinsam besonders häufig auf Ergebnisse genetischer Analy-sen zutreffen, wohingegen ein solches Zusammentreffen in anderen medizinischen Zusammenhängen eher selten ist. Dieses gemeinsame Auftreten führt zu Implikatio-nen, wie sie besonders häufig im Zusammenhang genetischer Information anzutref-fen sind. Viel wichtiger als die Frage nach möglichen einzigartigen Charakteristika genetischer Information ist daher der Gesamtzusammenhang, in dem die jeweiligen Kenntnisse stehen, und die möglicherweise hiermit verbundenen Auswirkungen.

Einen in diesem Kontext zentralen Aspekt arbeiten James P. Evans und Wylie Burke (2008) heraus: So betonen sie, dass genetischem Exzeptionalismus in dem Maße erhöhte Plausibilität – und eventuell auch erhöhte Wünschbarkeit – zukom-men mag, in dem mit genetischer Information kein medizinischer Nutzen verbun-den ist. Je stärker der Einfluss genetischer Information auf medizinische Entschei-dungsfindung ist und je eher genetische Information zur Förderung von Gesundheit eingesetzt werden kann, desto eher wird sich demnach dieser Eindruck einer Son-derstellung verringern.

Auch dies deutet auf die Notwendigkeit hin, nicht so sehr über die Frage nach ei-nem mutmaßlichen Sonderstatus zu diskutieren, sondern mögliche problematische Implikationen genetischer Information zu thematisieren und adäquate Formen zu finden, mit diesen umzugehen.

Im Folgenden wird zur Konkretisierung der Zusammenhänge auf den Bereich prä-diktiver genetischer Diagnostik eingegangen. Wenn auch die hier thematisierten Aspekte und Implikationen nicht auf eine einzelne besondere Eigenschaft geneti-scher Daten zurückzuführen sind, die keiner anderen Form von medizinischer Infor-mation zukäme, so ergeben sie sich aus dem Gesamtkontext und besitzen für den Umgang mit prädiktiven genetischen Analyseverfahren insgesamt zentrale Relevanz.

## 2.3 Analyseergebnis und Lebenskontext[3]

Im Zusammenhang prädiktiver genetischer Diagnostik können aufgrund der Analyseergebnisse Wahrscheinlichkeitsaussagen über das künftige Auftreten bestimmter Erkrankungen getroffen werden. Hierdurch wird für die betreffenden Personen die Möglichkeit eröffnet, die allgemeine Lebensgestaltung am erhaltenen Analyseergebnis auszurichten sowie ggf. geeignete präventive oder therapeutische Maßnahmen zu ergreifen – soweit diese verfügbar sind.

Insgesamt gesehen stehen die Ergebnisse prädiktiver genetischer Diagnostik häufig in einem besonderen lebensbezogenen Kontext, in dem die langfristige Ausrichtung der Lebens- und Familienplanung eine stärkere Rolle spielt als in anderen medizinischen Gebieten. So werden zumeist Personen ohne jegliche Krankheitsanzeichen mit Informationen konfrontiert, denen zufolge sie mit gewisser Wahrscheinlichkeit früher oder später eine bestimmte Krankheit entwickeln werden. Im Gegensatz hierzu sind in anderen medizinischen Kontexten zukunftsbezogene Aussagen wesentlich enger an vorhandene Symptome geknüpft, sodass sich in den meisten Fällen Personen, die bereits von Krankheitsanzeichen betroffen sind, mit einer Prognose auseinanderzusetzen haben. Hinzu kommt, dass zumindest derzeit für die meisten prädiktiv diagnostizierbaren genetisch (mit)bedingten Erkrankungen keine effizienten Präventions- oder Therapiemöglichkeiten zur Verfügung stehen; aus genetischer Information resultierende Zusammenhänge werden daher häufig als unausweichlich und schicksalhaft wahrgenommen. Von zentraler Bedeutung ist zudem der Einfluss von Kenntnissen hinsichtlich der genetischen Konstitution auf Fragen der Familienplanung.

Der besondere Kontext der aus prädiktiven genetischen Analysen erzielbaren Aussagen wird auch deutlich, wenn man den Zusammenhang bedenkt, in dem der Wunsch nach Inanspruchnahme prädiktiver genetischer Diagnostik steht. Zumeist wird das Durchführen einer prädiktiven genetischen Analyse aus einem der folgenden Gründe in Erwägung gezogen:

1. Eine Person wünscht eine prädiktive genetische Analyse, um in der Lage zu sein, im Falle einer Mutationsfeststellung geeignete Präventions- oder Therapiemaßnahmen ergreifen zu können.
2. Eine Person möchte Details über ihren genetischen Status erfahren, um ihre Lebensplanung an diesem Wissen ausrichten zu können, auch wenn keine adäquaten Präventions- oder Therapiemöglichkeiten zur Verfügung stehen.
3. Dritte besitzen ein Interesse an Aussagen über den genetischen Status einer Person, so zum Beispiel Angehörige, aber unter Umständen auch Arbeitgeber oder Versicherungsgesellschaften.
4. Ein Paar mit Kinderwunsch möchte in Erfahrung bringen, mit welcher Wahrscheinlichkeit künftige Kinder von einer bestimmten genetisch bedingten Krankheit betroffen sein werden.
5. Eine Frau bzw. ein Paar mit bereits bestehender Schwangerschaft möchte wissen, ob ihr Fetus eine bestimmte genetische Auffälligkeit trägt, die voraussichtlich zu einer solcherart schweren Erkrankung führen wird, dass dies für die Frau bzw. das Paar das Durchführen eines Schwangerschaftsabbruchs rechtfertigen würde.

---

[3] Die Inhalte dieses Kapitels entstammen Hildt (2006).

Wie aus dieser Auflistung deutlich wird, steht nur bei den unter 1.) beschriebenen Situationen die Sorge um die Gesundheit der Rat suchenden Person, d. h. das gesundheitliche Wohlbefinden des Patienten, im Vordergrund. Zumeist bilden vielmehr Aspekte der Lebensgestaltung und der Familienplanung das Hauptmotiv für die Inanspruchnahme einer prädiktiven genetischen Analyse.[4]

Ein Hauptgrund hierfür liegt darin, dass derzeit in den meisten Fällen im Anschluss an das Analyseverfahren keine geeigneten präventiven oder therapeutischen Optionen zur Verfügung stehen. Besonderheiten der prädiktiven genetischen Diagnostik gegenüber diagnostischen Verfahren, die stärker auf das Ergreifen geeigneter Behandlungsmaßnahmen ausgerichtet sind, werden beim Fehlen entsprechender Eingriffsmöglichkeiten besonders deutlich. Dies gilt insbesondere wenn es sich um erst spät im Erwachsenenalter ausbrechende Krankheiten handelt, d. h. wenn der vorhergesagte Zeitraum unter Umständen sehr lange ist.

So können Kenntnisse, die sich auf den genetischen Status beziehen, am ehesten dann als analog mit in anderen Kontexten stehenden medizinischen Informationen betrachtet werden, wenn sich an diese Kenntnisse geeignete medizinische Maßnahmen anschließen, d. h. wenn sie klinisch relevant sind (vgl. auch Evans/Burke 2008). Denn in solchen Fällen könnte man eine Analogie herstellen zu anderen diagnostischen Kenntnissen (so bspw. erzielbar aus einem Röntgenbild oder einer Blutuntersuchung), welche die Voraussetzung für ein genaueres Planen bzw. für das Ergreifen medizinischer Maßnahmen darstellen.

Daher muss zunächst generell unterschieden werden in Abhängigkeit davon, ob aufgrund der genetischen Information eine wie auch immer gestaltete wirksame präventive oder therapeutische Maßnahme angeraten werden kann, oder ob derartige Maßnahmen derzeit nicht zur Verfügung stehen. So mag man Kenntnisse hinsichtlich der genetischen Konstitution umso eher und umso stärker als analogisierbar mit der Kenntnis der relevanten Umstände im medizinisch-therapeutischen Kontext betrachten, je eher sich aufgrund der erhaltenen Angaben präventive oder therapeutische medizinische Schritte anbieten.

Wenn für die entsprechenden durch die DNA-Analysen ermittelten Erkrankungsrisiken keine geeigneten Präventions- oder Therapiemöglichkeiten zur Verfügung stehen, kommt genetischer Information jedoch eine andere Funktion zu. Denn sie stellt dann nicht die Voraussetzung für das adäquate Durchführen einer sich anschließenden medizinischen Maßnahme dar, da entsprechende Maßnahmen in diesen Fällen nicht verfügbar sind. Vielmehr handelt es sich zunächst um Information, welche keine direkte medizinische Handlungsrelevanz besitzt, welche jedoch stattdessen einen Ausgangspunkt für Entscheidungen im Bereich der Lebens- und Familienplanung bildet.

Je weniger Präventions- oder Therapiemöglichkeiten im Umfeld der postnatalen prädiktiven genetischen Diagnostik verfügbar sind, desto stärker rückt die Förderung des medizinischen Wohlbefindens des Betreffenden in den Hintergrund und desto

---

[4] Zwar kann auch bei 2.) mit der Kenntnis der Ergebnisse prädiktiver genetischer Diagnostik ein günstiger Einfluss auf das Wohlbefinden der betreffenden Person einhergehen, ebenso wie 4.) und 5.) sich als Vorgehensweise zum Wohle der jeweiligen Rat suchenden Frauen bzw. Paare gestalten kann. Allerdings handelt es sich in diesen Fällen um aus den entsprechenden Zusammenhängen entstehende indirekte Effekte.

stärker gelangen Autonomiegesichtspunkte in den Mittelpunkt. Denn solange keine oder nur eine sehr begrenzte Möglichkeit besteht, die entsprechende Krankheit zu vermeiden oder frühzeitig zu therapieren, liegt der Inanspruchnahme prädiktiver genetischer Analysen in erster Linie die Erwartung zugrunde, durch die auf diese Weise erhaltenen Ergebnisse werde der häufig als sehr belastend empfundenen krankheitsbezogenen Unsicherheit des Betreffenden ein Ende gesetzt sowie der Entscheidungs- und Handlungsspielraum erweitert und somit eine angemessenere Lebens- und Familienplanung ermöglicht.

So bezieht sich im Bereich postnataler prädiktiver genetischer Diagnostik die erhaltene Information – anders als im medizinisch-therapeutischen Bereich – nicht auf eine konkrete Situation medizinischen Handelns, d. h. auf eine unmittelbar zu treffende Behandlungsentscheidung, sondern zumeist auf den gesamten weiteren Lebensverlauf einer Person. Die mittel- und langfristigen Folgen der Kenntnis der genetischen Daten sind zumeist im Wesentlichen offen, nicht zuletzt auch was Veränderungen der Präferenzen der jeweiligen Person sowie mögliche Auswirkungen im familiären und gesellschaftlichen Umfeld betrifft. Bei der Frage, welche Handlungsoptionen sich aus einer postnatalen prädiktiven genetischen Analyse ergeben, stehen häufig nicht medizinische Kriterien im Mittelpunkt, sondern die Einstellungen, Überzeugungen und Präferenzen der jeweiligen Person. Je weniger präventive oder therapeutische Handlungsoptionen zur Verfügung stehen, desto stärkere Bedeutung erhält hier der Autonomiegesichtspunkt und mit ihm Fragen der allgemeinen Lebensgestaltung und des Selbstentwurfs von Personen.

Während das Erhalten von Information im Vorfeld einer medizinischen Behandlungsmaßnahme, d. h. im Zusammenhang des klassischen *informed consent*, im Allgemeinen positiv besetzt ist, da es anstehende konkrete medizinische Entscheidungen erleichtert bzw. erst ermöglicht, erscheint Information im prädiktiven Kontext, zumindest solange keine wirksamen Präventions- oder Behandlungsmöglichkeiten verfügbar sind, angesichts der komplexen Zusammenhänge als wesentlich ambivalenter: So mag im Fall einer Mutationsfeststellung die Kenntnis des Analyseergebnisses auch beständige Sorgen und Ängste vor dem künftigen Auftreten der entsprechenden Erkrankung mit sich bringen. Neben positiven Gestaltungsmöglichkeiten besteht hier insbesondere auch die Gefahr, Selbstbild, Lebensgestaltung und Lebensplanung in übersteigertem Maße an dem erhaltenen Analyseergebnis auszurichten. So mögen in Reaktion auf das Analyseergebnis und in Erwartung eines künftigen Krankheitsausbruchs umfassende Änderungen der Lebensplanung und Einschränkungen des Handlungsspielraumes vorgenommen werden, die sich später unter Umständen als unangemessen erweisen mögen. Hinzu kommen mögliche negative Implikationen im familiären und gesellschaftlichen Kontext.

## 2.4 Fazit

Auch wenn nicht das *eine* spezifische Charakteristikum genannt werden kann, welches genetischer Information einen Sonderstatus im Sinne eines starken genetischen Exzeptionalismus zukommen lässt, so sei doch festgehalten, dass genetische Information häufig durch einen für sie typischen lebensweltlichen Kontext charakterisiert werden kann. Dieser ergibt sich durch die vielfältigen Implikationen der Kenntnis genetischer Information auf das Selbstverständnis und die mittel- und langfristige

Lebensgestaltung, durch die Möglichkeit zur Prädiktion, durch familiäre Zusammenhänge und nicht zuletzt durch die Verbindung zu Familienplanungsentscheidungen. Vor diesem Hintergrund, insbesondere auch angesichts des zumeist zu beklagenden Fehlens wirksamer präventiver oder therapeutischer Handlungsoptionen, wird die häufig beträchtliche Ambivalenz von genetischer Information deutlich.

## Literaturverzeichnis

Buselmaier W./Tariverdian G. (1999): *Humangenetik*, 2. Auflage, Berlin: Springer.

Evans J. P./Burke W. (2008): Genetic exceptionalism. Too much of a good thing?, *Genetics in Medicine*, Vol. 10, No. 7, S. 500–501.

Green M. J./Botkin J. R. (2003): „Genetic Exceptionalism" in Medicine: Clarifying the Differences between Genetic and Nongenetic Tests, *Annals of Internal Medicine*, Vol. 138, S. 571–575.

Herder (1994): *Lexikon der Biologie*, Band 4, Heidelberg: Spektrum Akademischer Verlag.

Hildt E. (2006): *Autonomie in der biomedizinischen Ethik. Genetische Diagnostik und selbstbestimmte Lebensgestaltung*, Frankfurt/M.: Campus.

Hirschberg I./Grießler E./Littig B./Frewer A. (2009, Hrsg.): *Ethische Fragen genetischer Beratung*, Frankfurt/M.: Peter Lang Verlag.

Hogarth S./Javitt G./Melzer D. (2008): The Current Landscape for Direct-to-Consumer Genetic Testing: Legal, Ethical, and Policy Issues, *Annual Review of Genomics and Human Genetics*, Vol. 9, S. 161–182.

Holm S. (1999): There Is Nothing Special about Genetic Information, in: Thompson A. K./Chadwick R. F. (Hrsg.): *Genetic Information – Acquisition, Access, and Control*, New York: Kluwer, S. 97–103.

Kessler S. (1984, Hrsg.): *Psychologische Aspekte der genetischen Beratung*, Stuttgart: Enke.

Launis V. (2003): Solidarity, Genetic Discrimination, and Insurance: A Defense of Weak Genetic Exceptionalism, *Social Theory and Practice*, Vol. 29, No. 1, S. 87–111.

Leuzinger-Bohleber M./Engels E.-M./Tsiantis J. (2008, Hrsg.): *The Janus Face of Prenatal Diagnostics. A European Study Bridging Ethics, Psychoanalysis, and Medicine*, London: Karnac.

Maelicke A. (2001): Von der genomischen Information zu biologischem Wissen, in: Honnefelder L./Propping P. (Hrsg.): *Was wissen wir, wenn wir das menschliche Genom kennen?*, Köln: Dumont, S. 29–46.

McGuire A. L./Fisher R./Cusenza P. et al. (2008): Confidentiality, privacy, and security of genetic and genomic test information in electronic health records: points to consider, *Genetics in Medicine*, Vol. 10, No. 7, S. 495–499.

Murken J./Cleve H. (1996): *Humangenetik*, 6. Auflage, Stuttgart: Enke.

Oyama S. (2000): *The Ontogeny of Information. Developmental Systems and Evolution*, Second Edition, Durham: Duke University Press.

Schröder P. (2006): Der Status genombasierter Informationen. Public-Health-Genomics und die These des genetischen Exzeptionalismus, *Bundesgesundheitsblatt – Gesundheitsforschung – Gesundheitsschutz*, Vol. 49, S. 1219–1224.

# 3 Medizinische und ethische Kategorien genetischer Informationen

*Wolfram Henn*

Unter Laien, mitunter auch unter Ärzten, gelten DNA-Sequenzen als Musterbeispiele naturwissenschaftlich-objektiven Wissens über eine Person. Diese Annahme geht aber irrigerweise von einem genetischen Determinismus aus, nach dem der Phänotyp, also die beobachtbare Ausprägung eines Merkmals, allein vom Genotyp bestimmt und daher das Ergebnis der molekulargenetischen Analyse eines Gens kontextunabhängig immer gleich zu interpretieren sei. Vielmehr ist aber die medizinische wie auch die psychosoziale Wertigkeit genetischer Informationen von zahlreichen biologischen und situativen Einflussfaktoren abhängig.

Im Folgenden soll eine grobe Systematik skizziert werden, anhand derer die Aussagekraft sowie das Nutzen- und Risikopotenzial molekulargenetischer Analyseergebnisse eingeordnet werden können. Hierfür muss zwischen vier Ebenen unterschieden werden:

- nach dem Bezug zur genetischen Norm: Polymorphismen – Mutationen – unklassifizierte Genvarianten (vgl. Kap. 3.1);
- nach der klinischen Manifestation: krankheitsdeterminierende – krankheitsdisponierende – protektive Genvarianten (vgl. Kap. 3.2);
- nach dem Kontext der Datenerhebung: Differentialdiagnostik – prädiktive Diagnostik – Screening – pränatale Diagnostik (vgl. Kap. 3.3);
- nach dem Diskriminierungspotenzial: offenbarungswürdige – neutrale – besonders schutzwürdige genetische Daten (vgl. Kap. 3.4).

## 3.1 Bezug von Genvarianten zur Populationsnorm

Ein Allel, also die individuelle Ausprägungsform eines Gens, das zu einer unbeeinträchtigten Genfunktion führt, entspricht per definitionem dem „Wildtypallel". Diese scheinbar einen genau bestimmbaren Normzustand beschreibende Definition geht allerdings auf die Ära vor der Genomanalyse zurück. Seither hat sich gezeigt, dass es für wohl jedes Gen in einer Population unterschiedliche DNA-Sequenzen geben kann, ohne dass diese molekulargenetisch messbaren Unterschiede sein Produkt in funktionell relevanter Weise beeinflussen. Dies ist z. B. dann der Fall, wenn interindividuelle Sequenzunterschiede Intronbereiche des Gens umfassen, die nicht codierend sind, oder wenn ein Unterschied in einem einzelnen Triplett der DNA die dadurch codierte Aminosäure nicht verändert. In diesen Fällen wirkt auch kein evolutionärer Selektionsdruck gegen diese Varianten, weshalb sie innerhalb derselben Population sehr häufig sein können. Es gilt die Faustregel, dass funktionell neutrale Genvarianten wesentlich häufiger sind als solche, welche die Gesundheit und letztlich die „reproduktive Fitness" eines Individuums beeinträchtigen.

Diese medizinisch neutrale Form genetischer Unterschiede wird als Polymorphismus bezeichnet, wobei es hierfür eine biostatistische und eine klinisch-genetische Definition gibt. Nach ersterer ist ein Polymorphismus, unabhängig von seiner Ausprägung im Phänotyp, eine genetische Variante mit einer Häufigkeit von mehr als 1 % in der Population, nach letzterer ist unter einem Polymorphismus eine funktionell bedeutungslose Variante, unabhängig von ihrer Häufigkeit, zu verstehen. Das wohl bekannteste Beispiel genetischer Polymorphismen sind die Blutgruppen des AB0-Systems, die – auch im Bewusstsein der Öffentlichkeit – untersuchbare und wissenswerte, nicht aber krankhafte genetische Merkmale darstellen. Auch die moderne Vaterschaftsdiagnostik macht sich die große, weil evolutionär bedeutungslose, Vielfalt genetischer Polymorphismen in nicht-codierenden Abschnitten der DNA zunutze.

Der Gegenbegriff hierzu ist die Mutation, die biostatistisch als seltene, klinisch-genetisch als funktionell bedeutsame Genvariante verstanden wird. Im Phänotyp ausgeprägt werden typischerweise nur dominante oder reinerbige rezessive Mutationen, mischerbige rezessive Mutationen dagegen nicht. Aus diesem Grund kann von einem normal erscheinenden Phänoytp nicht darauf zurückgeschlossen werden, dass keine Mutation vorliegen würde. Zudem gibt es auch dominante Mutationen, die sich erst spät im Leben manifestieren – auf das Phänomen des „Noch-nicht-Kranken" wird noch zurückzukommen sein. Zweifellos trägt jedes Individuum mehrere überdeckte oder noch nicht manifestierte Mutationen, in aller Regel ohne sie im Einzelnen zu kennen. So gibt es allein in Deutschland etwa 4 Millionen mischerbige Anlageträger für die rezessiv erbliche Mukoviszidose. Dieser Status ist für ihre eigene Gesundheit völlig bedeutungslos; er kann nur dann Bedeutung gewinnen, wenn – rein zufällig oder begünstigt durch eine Blutsverwandtschaft – ein Träger und eine Trägerin einer Mutation im gleichen Gen gemeinsam Nachkommen zeugen, für die dann ein Risiko von 25 % für eine Reinerbigkeit mit phänotypischer Manifestation der Krankheit besteht.

Nicht immer allerdings sind die Grenzen zwischen Polymorphismen und Mutationen scharf markiert (Knudsen et al. 2001). So können im gleichen Gen unterschiedliche Abweichungen von der Wildtypsequenz zu einem mehr oder weniger stark ausgeprägten Krankheitsbild führen. Beispielsweise können unterschiedliche Einzelmutationen im X-chromosomalen DMD-Gen entweder zur bereits im Jugendalter tödlichen klassischen Muskeldystrophie Duchenne oder, mit fließenden Übergängen, zum wesentlich milderen Typ Becker führen. Eine Voraussage, wie sich eine bestimmte genotypische Normabweichung im Phänotyp manifestiert, ist oft kaum möglich, zumal die Wirkungen von Mutationen eines Gens zum einen durch Varianten anderer Gene, zum anderen durch exogene Faktoren wie Ernährung oder körperliche Aktivität beeinflusst werden. Hier spricht man von polygener beziehungsweise multifaktorieller Vererbung, wobei sich beim heutigen Kenntnisstand das komplexe Zusammenwirken solcher mehrdimensionaler pathogenetischer Mechanismen erst ansatzweise auflösen lässt (Hoedemaekers/ten Have 1999).

Immer wieder entsteht im Zusammenhang der molekulargenetischen Diagnostik monogener Erbkrankheiten die in der genetischen Beratung äußerst schwierig zu handhabende Problematik der sogenannten „unklassifizierten Varianten". Dies sei am Beispiel des erblichen Brust- und Eierstockkrebses verdeutlicht: Die anonymisierten Ergebnisse von Mutationsanalysen in den „Brustkrebs-Genen" BRCA1 und BRCA2 werden von den untersuchenden Labors im Abgleich mit den beschriebenen Wildtyp-Sequenzen in einer Datenbank hinterlegt. Eine Abweichung von der Wildtypsequenz eines dieser Gene bei einer untersuchten Person kann sich entweder in der Liste der bekanntermaßen nicht krankheitsverursachenden Polymorphismen oder in derjenigen der als krankheitsverursachend bekannten Mutationen wiederfinden – oder in keiner der beiden Listen. Falls sich – was durchaus häufig vorkommt – auch aus dem molekularen Typ der Variante nicht auf ihre funktionelle Relevanz schließen lässt, wird die Patientin letztlich nur mit der Information konfrontiert, *dass* sie sich in ihrem „Brustkrebsgen" an einer molekulargenetisch genau bestimmten Stelle von der gesunden Allgemeinbevölkerung unterscheidet – aber nicht, welche Auswirkungen das auf ihr Krebsrisiko hat (Goldgar et al. 2004).

Es kommt also immer wieder vor, dass eine genetische Diagnostik ein auf der technisch-analytischen Ebene eindeutiges Ergebnis erbringt, das aber medizinisch nicht schlüssig interpretierbar ist und letztlich zu Verunsicherung auf hohem Niveau führt.

## 3.2  Die klinische Manifestation von Genvarianten

Für die klassischen monogenen Erbleiden gilt nach hergebrachtem Verständnis, dass eine funktionseinschränkende Mutation des verantwortlichen Gens in jedem Fall zum Ausbruch der Krankheit führt. Formalgenetisch entspräche dies einer kompletten Penetranz, d. h. alle Träger der Mutation würden auch erkranken. Tatsächlich allerdings variiert bei vielen Genveränderungen sowohl innerhalb derselben Familie als auch zwischen verschiedenen Familien zum einen die Penetranz als Wahrscheinlichkeit, dass sich das Merkmal überhaupt als Krankheit manifestiert, zum anderen die Expressivität als individueller Schweregrad der Ausprägung (Zlotogora 2003).

Nur wenige Genvarianten sind tatsächlich krankheitsdeterminierend in dem Sinne, dass ihr Vorliegen eine präzise Aussage über das Ob, Wann und Wie der Erkrankung ermöglicht. Dies gilt vor allem für frühkindlich manifestierende rezessive Stoffwechselerkrankungen, bei denen eine reinerbige Mutation im verantwortlichen Gen zum Ausfall eines lebenswichtigen Enzyms mit genau vorgegebenen tödlichen Folgen führt. Bei genauer Betrachtung gibt es aber auch hier unterschiedliche Krankheitsverläufe, etwa hinsichtlich der Zeitdauer vom Beginn der Symptome bis zum Tod des Kindes, die auch durch therapeutische Maßnahmen wie Krankengymnastik oder Atemtherapie in – wenn auch meist nur geringem – Umfang beeinflusst werden können.

Dagegen gilt beispielsweise für eine Trägerin einer aus den Datenbanken als krankheitsverursachend bekannten Mutation in einem der Gene BRCA1 oder BRCA2 eine lebenslange Wahrscheinlichkeit für Brustkrebs von 60–80 % und für Eierstockkrebs von 20–40 % – aber es gibt eben auch Mutationsträgerinnen, die bis ins hohe Alter überhaupt nicht an Krebs erkranken (Schlehe/Schmutzler 2008). Bei Männern mit derselben Mutation beträgt das hierdurch bedingte lebenslange Krebsrisiko allenfalls 10 %. Hier ist also die genetische Information nicht deterministischer sondern probabilistischer Natur, und es gibt durchaus Anlageträger, die auf den Zufall vertrauen und die eigentlich empfohlenen Vorsorgemaßnahmen nicht wahrnehmen.

Bei vielen Krankheiten ist auch die Expressivität sehr unterschiedlich, also die quantitative Ausprägungsstärke von Symptomen. Bei der Neurofibromatose Typ 1 etwa kann dieselbe Mutation im NF1-Gen zu einem sogar innerhalb derselben Familie höchst variablen Bild von Symptomen führen, das von kaum merklichen Hautauffälligkeiten bis zu schweren kosmetischen und funktionellen Beeinträchtigungen durch eine Vielzahl von Tumoren reicht. Offenbar wird die mutationsbedingte Störung der Funktion des Gens durch davon unabhängig vererbte, für sich allein nicht krankhafte Varianten anderer Gene modifiziert (Szudek et al. 2002).

In einer solchen Konstellation könnte also einem betroffenen Menschen mit Kinderwunsch angesichts seines Risikos von 50 % für eine Vererbung der Anlage an Nachkommen zwar rein technisch eine Pränataldiagnostik angeboten werden, ihre Aussagekraft hinsichtlich der tatsächlichen Schwere der Erkrankung bei einem betroffenen Kind wäre aber sehr beschränkt (Origone et al. 2000).

Solche monogene, also auschließlich oder zumindest vornehmlich durch Mutationen in einem einzelnen Gen verursachte und den klassischen Mendel'schen Erbgängen folgende Krankheiten sind aber insgesamt recht selten. Umgekehrt sind die Ursachen auch der sogenannten Volkskrankheiten in erheblichem, auch unter Medizinern weithin unterschätztem Ausmaß genetisch mitbedingt. Mithin hält die verbreitete Wahrnehmung einer Dichotomie zwischen erblichen und nicht-erblichen Krankheiten einer kritischen Überprüfung nicht stand.

Ein zentraler Gegenstand der Genomforschung der letzten Jahre war die Suche nach den genetischen Einflussfaktoren solcher multifaktoriell bedingter Krankheiten, die schon wegen ihrer Häufigkeit von höchster präventivmedizinischer Bedeutung sind. Hier sind bereits zahlreiche sogenannte genetische Suszeptibilitätsvarianten entdeckt worden, die für die betroffene Person lediglich die statistische Wahrscheinlichkeit beeinflussen, an einer bestimmten Krankheit zu erkranken (Bodmer/Bonilla 2008). Das Vorliegen einer solchen Variante führt also nicht zu einem absolut hohen, sondern allenfalls zu einem relativ erhöhten Erkrankungsrisiko; umgekehrt bedeutet ihre Abwesenheit keineswegs, dass die zugehörige Krankheit sich nicht manifestieren kann. In klinisch-genetischer Betrachtung stehen die Suszeptibilitätsvarianten also im Niemandsland zwischen krankheitsdeterminierenden Mutationen und gesundheitlich irrelevanten Polymorphismen.

So tragen etwa 40 % der Europäer eine Variante im Gen für den Wachstumsfaktor-Rezeptor FGFR2, die zu einem etwa 1,3-fach erhöhten Brustkrebsrisiko führt. Ausgehend von dem für Frauen aus der Allgemeinbevölkerung geltenden Basisrisiko von 10 %, im Lauf des Lebens an Brustkrebs zu erkranken, wird durch die An- oder Abwesenheit der FGFR2-Variante das Risiko zwischen etwa 8 % und 13 % modifiziert (Easton et al. 2007).

Dem gleichen Prinzip folgt auch der Effekt des weithin geradezu als Paradigma für gesundheitliche Risikofaktoren bekannten, aber irrigerweise kaum als genetisch beeinflusst wahrgenommenen Cholesterinspiegels auf das Herzinfarktrisiko: Weder führt ein erhöhtes Cholesterin zwangsläufig zum Infarkt, noch schützt ein Normalwert zuverlässig davor – es ist lediglich einer von vielen teils genetischen, teils exogenen Risikofaktoren, die sich gegenseitig beeinflussen. Eine erbliche Hypercholesterinämie lässt sich auch durch strenge Diät nicht normalisieren, wenn auch positiv beeinflussen. Dennoch gilt, sicherlich auch unter dem Einfluss der Werbung für einschlägige Lebensmittel, die diätetische Einstellung des Cholesterinspiegels als Königsweg zur kardiovaskulären Gesundheit.

In den vergangenen Jahren haben genomweite biostatistische Studien an großen Probandengruppen zur Identifikation zahlreicher Varianten einzelner DNA-Basenpaare („single nucleotide polymorphisms"; SNP) geführt, für deren Träger entweder erhöhte oder aber erniedrigte Wahrscheinlichkeiten errechnet wurden, an bestimmten multifaktoriellen – also lediglich genetisch mitbeeinflussten – Leiden zu erkranken. Bei einem Großteil dieser SNP-Varianten handelt es sich um anonyme Marker, für die zwar die Lokalisation im Genom und die Populationshäufigkeit verschiedener Varianten bekannt ist, nicht aber ihre pathogenetische Beziehung zu den statistisch assoziierten Krankheiten. Vielfach handelt es sich sogar um Varianten außerhalb informationstragender Genomabschnitte, die lediglich im Genom in der Nähe krankheitsrelevanter Gene lokalisiert sind und mit deren Varianten gekoppelt vererbt werden. So ist der SNP mit der Nummer rs6983267 je nach Ausprägung mit einem leicht erhöhten oder leicht erniedrigten Risiko für kolorektale Karzinome assoziiert – ohne dass seine inhaltliche Bedeutung bekannt wäre. Für Träger des „Risikoallels" wird eine etwa 1,4-fache Wahrscheinlichkeit angegeben, im Lauf des Lebens an Darmkrebs zu erkranken (Li et al. 2008). In Zahlen gefasst soll für sie das Darmkrebsrisiko etwa 8 % statt der üblichen etwa 5–6 % betragen, ohne dass für diese auf den SNP bezogene Statistik ein pathogenetisches Korrelat erkennbar wäre.

Umgekehrt betrachtet kann Personen, die das „Risikoallel" nicht tragen, ein gegenüber der Durchschnittsbevölkerung erniedrigtes Darmkrebsrisiko zugeschrieben werden. Insofern kann jede Suszeptibilitätsvariante im Falle eines Ausschlusses der risikoassoziierten Ausprägung als „protektive Genvariante" verstanden werden – im genannten Beispiel würde sich rechnerisch das Darmkrebsrisiko auf etwa 4 % verringern.

Es fragt sich allerdings, welche sinnvollen Konsequenzen eine solche Information für die untersuchte Person hätte. Sicherlich müssten weder Träger der ungünstigen Variante in die belastenden und teuren Vorsorgeprogramme für Hochrisiko-Patienten mit im eigentlichen Sinne erblichem Darmkrebs aufgenommen werden, noch würden für Träger der günstigen Variante die allgemeinen Empfehlungen zur Krebsvorsorge außer Kraft gesetzt. Insofern besteht auch unter der optimistischen Annahme, dass die den Risikoziffern zu Grunde liegenden SNP-Assoziationsstudien biologisch valide wären, die Gefahr schwerwiegender Fehlinterpretationen. Den meisten Menschen ist der Unterschied zwischen einem relativ erhöhten und einem absolut hohen Risiko nicht geläufig, sodass eine Aussage in dieser Richtung zu unbegründeter Verängstigung führen kann. Noch viel schlimmer ist das umgekehrte Missverständnis, dass das Vorliegen einer angeblich protektiven SNP-Variante tatsächlich vor der in Rede stehenden Krankheit zuverlässig schützen würde, und hiervon ausgehend beispielsweise die Krebsvorsorge vernachlässigt wird.

Dies gilt um so mehr, als die in jüngster Zeit unter großem Medienrummel über das Internet vermarkteten kommerziellen SNP-Screenings ihren Kunden zwar leicht erhöhte oder niedrige Risiken für eine Vielzahl von Volkskrankheiten mitteilen, aber tatsächlich krankheitsverursachende Mutationen in den eigentlichen Hochrisiko-Genen, wie etwa BRCA1, unentdeckt bleiben.

## 3.3 Der Kontext der Erhebung genetischer Daten

Genetische Diagnostik zeichnet sich gegenüber anderen Formen der Erhebung medizinischer Daten durch eine zeitliche Entkopplung zwischen dem Zeitpunkt der Diagnosestellung und der Manifestation von Symptomen aus (Henn/Schindelhauer-Deutscher 2007). In der diesbezüglich konventionellen Medizin führen in aller Regel Beschwerden den Patienten zum Arzt, sodass sich die differenzialdiagnostische Frage stellt, durch welchen Organbefund die bereits bestehenden Symptome verursacht sind. Typischerweise erwartet die untersuchte Person von der Diagnose, dass sie Wege zu einer erfolgreichen Therapie weisen kann. Auch in der Humangenetik sind differenzialdiagnostische Fragestellungen häufig, beispielsweise wenn es um die Klärung der Frage geht, ob Organfehlbildungen auf eine Chromosomenanomalie zurückzuführen sind, oder ob ein bereits bestehendes medulläres Schilddrüsenkarzinom durch eine erbliche multiple endokrine Neoplasie bedingt ist.

Beim heutigen Stand der Möglichkeiten und wohl auch auf absehbare Zeit können genetische Diagnosen allerdings nur sehr selten zu therapeutischen Maßnahmen hinführen, die den individuellen Gesundheitszustand verbessern. Vielmehr sind genetische Diagnosen entweder für die individuelle Prävention bedeutsam – so bei familiären Krebserkrankungen – oder für reproduktive Entscheidungen, wie etwa den weiteren Kinderwunsch der Eltern eines Kindes mit einer rezessiven Stoffwechselstörung, die zu einem Wiederholungsrisiko von 25 % für weitere Geschwister führt. Durch diesen fachspezifischen Mangel an therapeutischen Optionen, wie es ihn ansatzweise auch in der Neurologie gibt, haftet genetischen Diagnosen im Bewusstsein der Patienten, zugegebenermaßen aber auch mitunter in dem von Humangenetikern, der Ruch des Schicksalhaften an. Objektiv betrachtet ist aber eine genetische Diagnose keineswegs immer ungünstig oder gar fatal, da viele genetische Erkrankungen durchaus eine günstigere Prognose haben können als klinisch ähnliche nicht-genetische Krankheitsbilder. Dies zu verdeutlichen ist eine zentrale Aufgabe der genetischen Beratung zur Diagnosevermittlung.

Das Paradigma genetischer Diagnostik schlechthin, obwohl es eine vergleichsweise seltene Konstellation beschreibt, ist die prädiktive Diagnostik spätmanifestierender Erbkrankheiten. Bei monogenen Erbleiden mit hoher Penetranz, bei denen die molekulargenetische Diagnose eine hohe Aussagekraft über die zu erwartende klinische Manifestation besitzt, wird auch von präsymptomatischer Diagnostik gesprochen (Borry et al. 2006).

Meistgenanntes Beispiel hierfür ist die Huntington-Krankheit. In diesem Kontext wird einer Risikoperson, also in der Regel einem Nachkommen eines von der in Rede stehenden Krankheit betroffenen Elternteils, angesichts seiner Wahrscheinlichkeit von 50 %, die Krankheitsanlage geerbt zu haben, eine Untersuchung hierauf angeboten. Hier steht dem beratenden beziehungsweise die Labordiagnostik durchführenden Arzt in aller Regel ein aktuell körperlich und geistig gesunder Mensch gegenüber, den die Sorge vor der drohenden, aus der Familie wohlbekannten Krankheit umtreibt (Henn 1998).

Bei der Huntington-Krankheit und anderen neurodegenerativen Leiden, für die einem diagnostizierten Anlageträger keine präventiven Maßnahmen zur Verfügung stehen, ist die genetische Diagnose tatsächlich schicksalhaft, sodass dem „Noch-nicht-Kranken" (Rautenstrauch 2003) für die Inanspruchnahme der Diagnostik keine medizinischen Argumente angeführt werden können, sondern allenfalls Entscheidungshilfen für die Lebens- und Familienplanung sowie, als nicht zu unterschätzender Aspekt, die ergebnisunabhängige Entlastung vom psychischen Stress der Ungewissheit. Bei vielen anderen präsymptomatisch diagnostizierbaren Erbleiden, namentlich familiären Krebsdispositionen, lassen sich aber aus dem Nachweis einer Anlageträgerschaft wenigstens hilfreiche klinisch-präventive Maßnahmen ableiten, wie etwa regelmäßige Darmspiegelungen bei Anlageträgern für erbliche Kolonkarzinome. Wegen der oben beschriebenen unvollständigen Penetranz handelt es sich hier aber nicht um präsymptomatische Diagnostik im engsten Sinne, da ein Teil der Anlageträger auch ohne Vorsorgemaßnahmen vom Ausbruch der Krankheit verschont bleibt.

Bezüglich der biostatistischen Aussagekraft der genetischen Informationen beginnt dabei schon der Übergang zur prädiktiven Diagnostik – hier wohl besser als prädiktive Risikoabschätzung zu bezeichnen – anhand der oben beschriebenen Suszeptibilitätsvarianten. Über die sehr eingeschränkte Verlässlichkeit der Voraussagen hinaus ist aber der wesentliche Unterschied für die individuelle Bedeutung der erhobenen Daten die Ausgangsperspektive der untersuchten Personen. Die präsymptomatische Diagnostik geht von einem hohen Risiko für eine konkrete, zumeist aus eigenem Erleben bekannte familiäre Erkrankung aus, wohingegen der Inanspruchnahme einer SNP-Analyse lediglich abstrakte Besorgnis über eine mögliche künftige Krankheit zu Grunde liegt.

Eine neue Dimension der Problematik des Umgangs mit „weichen" prädiktiv orientierten genetischen Daten sind die bereits erwähnten, außerhalb des Medizinsystems weltweit über das Internet vermarkteten Multiparameter-Screenings. Für die zu untersuchende Person wird die Handhabung so einfach gehalten, dass kein Arzt und entsprechend auch keine ärztliche Beratung erforderlich zu sein scheint; der „Testkit" enthält neben einer Hochglanzbroschüre lediglich ein Röhrchen, das mit einer Speichelprobe an das Labor in den USA oder auf Island geschickt wird. Dort wird mittels einer technisch entweder durch DNA-Chips oder durch Hochdurchsatz-Sequenzierung durchgeführten Analyse mehrerer hunderttausend SNPs das angeblich individuelle genetische Risiko für eine Vielzahl multifaktorieller Krankheiten ermittelt. Der Proband kann, begründet mit dem Argument des Datenschutzes, die Probe unter einem Decknamen einsenden, sodass über ihn dem Labor keinerlei Fakten vorliegen.

Völlig ausgeblendet werden bei diesem Vorgehen die erheblichen exogenen Einflussfaktoren auf die zu untersuchenden Krankheitsrisiken, sodass beispielsweise anhand eines Satzes von SNPs, die mit Herzinfarkt assoziiert sein sollen, für einen 30 Jahre alten, schlanken und sportlichen Abstinenzler dasselbe Risiko errechnet wird wie für einen 60-jährigen, stark übergewichtigen Kettenraucher.

Mithin wohnen solchen kommerziellen Screenings so schwerwiegende Defizite in der Beratung der Probanden und der individuellen Interpretation der Daten inne, dass seitens der Deutschen Gesellschaft für Humangenetik von ihnen abgeraten wird; vom Gesundheitsministerium in Kalifornien ist sogar der Firma „23andme" die Vermarktung solcher Screenings untersagt worden (Deutsche Gesellschaft für Humangenetik 2008a; Kaye 2008).

Völlig anders zu betrachten und hiervon auch in ethischer Hinsicht zu unterscheiden ist das Neugeborenenscreening auf bestimmte monogene Stoffwechselstörungen. Dieses findet typischerweise biochemisch auf der Ebene von Genprodukten statt; bekanntestes Beispiel ist das Screening auf die Phenylketonurie. Die hierfür ausgewählten Parameter beziehen sich, in Übereinstimmung mit den allgemeinen Kriterien der WHO für sinnvolles medizinisches Screening (Wilson/Jungner 1968), ausschließlich auf mit relativ geringem Aufwand, beispielsweise diätetisch, behandelbare Störungen. Wegen des hier, im Gegensatz zu anderen genetisch orientierten Untersuchungen, zweifelsfrei günstigen Nutzen-Risiko-Verhältnisses gelten hier nach weltweitem Konsens Reihenuntersuchungen auch bei Unterschreitung sonst üblicher Aufklärungsstandards als vertretbar. Allerdings ergeben sich im Falle eines betroffenen Kindes für die Eltern aus der meist völlig unerwartet empfangenen genetischen Information auch mögliche Konflikte: Aus dem Nachweis, dass ein Kind von einem autosomal-rezessiven Erbleiden betroffen ist, ergibt sich ein erhebliches Wiederholungsrisiko für weitere Kinder aus derselben Partnerschaft sowie die – keineswegs allen Eltern willkommene – Option einer vorgeburtlichen Untersuchung in weiteren Schwangerschaften.

Die pränatale genetische Diagnostik ist gewissermaßen ein Sonderfall präsymptomatischer beziehungsweise prädiktiver Untersuchungen. Auch hier geht es entweder um den präzisen Nachweis oder Ausschluss eines familiär bekannten hohen Risikos für eine bestimmte Krankheit, beispielsweise für eine X-chromosomale Muskeldystrophie Duchenne bei bekannter Anlageträgerschaft der Mutter, oder um eine angesichts nur gering erhöhter Risiken eher abstrakt motivierte Diagnostik wie eine Fruchtwasseruntersuchung bei überdurchschnittlichem mütterlichem Alter. Ähnlich verhält es sich mit den heutzutage fast routinemäßig angebotenen pränatalen nichtinvasiven Suchtests wie dem sogenannten „Nackenfaltenscreening" per Ultraschall. Der zentrale und selbstverständlich ethisch wie rechtlich höchst bedeutsame Unterschied zu prädiktiven Untersuchungen, die auf die untersuchte Person selbst bezogen sind, liegt darin, dass das Untersuchungsobjekt ein ungeborenes Kind ist und sich aus einem auffälligen Ergebnis die Option eines Schwangerschaftsabbruchs aus medizinischer Indikation ableiten kann.

Mit Blick auf die besondere informationelle Sensibilität prädiktiver/präsymptomatischer und pränataler genetischer Diagnosen wird ihnen auch im aktuellen Gendiagnostikgesetz insofern ein besonderer Rang zugewiesen, als hier über die übliche Aufklärung hinaus eine verpflichtende genetische Beratung vor und nach der Diagnostik vorgesehen ist.

## 3.4 Diskriminierungspotenzial genetischer Informationen

Ein medizinischer Befund, der auf eine somatisch noch nicht manifestierte, aber künftig drohende oder gar sicher bevorstehende Erkrankung hinweist, ist für den untersuchten Menschen von ambivalenter Bedeutung: Zum einen kann dieses Wissen Zeitfenster für präventive Maßnahmen öffnen, zum anderen kann es in falschen Händen zu seinem Nachteil verwendet werden. Diese Problematik ist nicht spezifisch für prädiktives genetisches Wissen, sondern findet sich auch in der Infektiologie, z. B. als HIV-Positivität, oder in der Psychiatrie, z. B. als minimale zerebrale Dysfunktion mit hoher Progressionswahrscheinlichkeit zur manifesten Demenz. Insofern soll hier nicht einem genetischen Exzeptionalismus das Wort geredet werden; unbestrittenermaßen gibt es aber Gebiete der Medizin, in denen mit Patientendaten besonders vorsichtig umzugehen ist.

Die Problematik der „genetischen Diskriminierung", namentlich durch Arbeit-geber und private Versicherer, zählt zu den meistdiskutierten ethisch-rechtlichen Aspekten der Humangenetik und soll an dieser Stelle nicht weiter vertieft werden (Hudson 2007; vgl. auch den Beitrag von Jürgen Simon und Jürgen Robienski in diesem Band). Umgekehrt können prädiktive genetische Informationen, die auf ein hohes Krankheitsrisiko hinweisen, von der untersuchten Person selbst als sogenann-te „Antiselektion" missbräuchlich gegenüber Versicherern eingesetzt werden, indem unter dem Schutz der Schweigepflicht der untersuchenden Ärzte dieses Wissen zur Erlangung eines inadäquat hohen Versicherungsschutzes eingesetzt wird. Ein Inter-essenausgleich zwischen Versicherern und potenziellen Versicherten wird auf der Ebene einer Selbstverpflichtung der Versicherungswirtschaft, künftig durch das Gen-diagnostikgesetz in Form eines Verwertungs-und Erhebungsverbotes genetischer Da-ten unterhalb atypisch hoher Versicherungssummen, versucht.

Nicht von diesen Regelungen erfasst und weithin in ihrer Tragweite unterschätzt sind dagegen genetische Informationen aus Familienanamnesen. So geht aus Popula-tionsstudien die Faustregel hervor, dass Nachkommen eines Elternteils, das von einer bestimmten Krebserkrankung betroffen war, auch außerhalb der im engeren Sinne erblichen Krebsdispositionen mit einem lebenslang ungefähr verdoppelten Risiko für die gleiche Krebsart rechnen müssen (Amundaddottir et al. 2004). Für eine Frau, deren Mutter an Brustkrebs erkrankt war, besteht beispielsweise ein Brustkrebsrisiko von immerhin etwa 20 %. Solche „unblutig" erhobenen genetischen Informationen werden erfahrungsgemäß recht sorglos gehandhabt, obwohl sie durchaus geeignet sind, zum Nachteil der auskunftgebenden Person verwendet zu werden (Lynch et al. 2003). Nicht zufällig ist in den Fragebögen von Versicherern zum Abschluss von Berufsunfähigkeits- oder Pflegerentenversicherungen eine deutliche Tendenz zur Er-hebung familienanamnestischer Daten erkennbar.

Besondere Sensibilität gewinnen medizinische, speziell genetische Informationen durch Verfügbarkeit in Datennetzen (Henn 2009). Eine neue Dimension des vom Patienten kaum kontrollierbaren Austausches von Datensätzen kann durch die ge-plante Einbindung von Patientendaten in die Gesundheitstelematik entstehen. Elek-tronische Patientenakte und Gesundheitskarte sollen Instrumente der Erleichterung des Austausches gesundheitsrelevanter Daten unter Berechtigten werden und unter strengem Datenschutz stehen; insbesondere soll der Patient entscheiden können, welche medizinischen Daten von ihm gespeichert werden sollen (Müller 2008). Über die verwaltungsrelevanten Daten hinaus soll auf der Gesundheitskarte auf frei-williger Basis auch ein „Notfalldatensatz" eingerichtet werden, der medizinischem Fachpersonal im Rettungsdienst therapeutische Hilfestellung geben und daher oh-ne komplexes Autorisierungsverfahren zugänglich sein soll. Gedacht ist hier an die Speicherung von akutmedizinisch wichtigen Informationen wie Medikationen oder Allergien, wofür das Einverständnis des Patienten gefordert wird (Hein-Rusinek/Groß 2008).

Hier fragt sich nun, welche genetischen Informationen so notfallrelevant sind, dass sie niederschwellig verfügbar gemacht werden sollten, und welche nicht – dies vor dem Hintergrund der vorgesehenen Eigenverantwortung der Millionen Gesundheitskarten-Besitzer für diese Inhalte. In der Praxis wird es sicherlich dar-auf hinauslaufen, dass ein Großteil der Patienten sich entweder gar nicht mit dem Notfalldatensatz befasst oder sich hilfesuchend an seinen, im Zweifel überforderten,

Hausarzt wendet. Die Deutsche Gesellschaft für Humangenetik hat in einer Stellungnahme dazu empfohlen, therapeutisch relevante genetische Daten nur mit begleitender Interpretation, prädiktive und familienanamnestische Informationen dagegen überhaupt nicht auf der Gesundheitskarte zu speichern (Deutsche Gesellschaft für Humangenetik 2008b).

Bei genauer Betrachtung gibt es nur sehr wenige genetische Informationen, die im vitalen Interesse der untersuchten Person in einen Notfalldatensatz gehören. Hierzu zählen vor allem genetisch determinierte Unverträglichkeiten gegen in der Anästhesie und Intensivmedizin verwendete Medikamente, etwa ein Ryanodin-Rezeptordefekt, der bei Narkosen zur lebensbedrohlichen malignen Hyperthermie führt, die wiederum durch Auswahl geeigneter Narkosemittel vermieden werden kann.

Als Fazit lässt sich festhalten, dass die Bedeutung einer bestimmten genetischen Information immer nur individuell für die untersuchte Person und kontextuell für ihre aktuellen Lebensumstände bewertet werden kann. Auch wenn genetische Eigenschaften ihrem biologischen Wesen nach lebenslang unverändert bleiben und objektiv erhoben werden können, so ist ihre medizinische und soziale Interpretation doch subjektiv mitbestimmt und zeitgebunden.

## Literaturverzeichnis

Amundadottir L. T./Thorvaldsson S./Gudbjartsson D. F. et al. (2004): Cancer as a complex phenotype: patterns of cancer distribution within and beyond the nuclear family, *PLoS Medicine*, Vol. 1, S. e65.

Bodmer W./Bonilla C. (2008): Common and rare variants in multifactorial susceptibility to common diseases, *Nature Genet*, Vol. 40, S. 695–701.

Borry P./Stultiens L./Nys H. et al. (2006): Presymptomatic and predictive testing in minors: A systematic review of guidelines and position papers, *Clin Genet*, Vol. 70, S. 374–381.

Deutsche Gesellschaft für Humangenetik (2008a): Kommerzielle Internet-Angebote zur Analyse genetischer SNP-Varianten, *Med Genetik*, Vol. 20, S. 237–238.

Deutsche Gesellschaft für Humangenetik (2008b): Erfassung humangenetischer Patientendaten auf einer elektronischen Gesundheitskarte, *Med Genetik*, Vol. 20, S. 236.

Easton D. F./Pooley K. A./Dunning A. M. et al. (2007): Genome-wide association study identifies novel breast cancer susceptibility loci, *Nature*, Vol. 447, S. 1087–1093.

Goldgar D. E./Easton D. F./Deffenbaugh A. M. et al. (2004): Integrated evaluation of DNA sequence variants of unknown clinical significance: application to BRCA1 and BRCA2, *Am J Hum Genet*, Vol. 75, S. 535–544.

Hein-Rusinek U./Groß C. (2008): Notfalldaten – mehr Schein als Sein? *Dt Ärztebl*, Vol. 105, S. A78–A79.

Henn W. (1998): Predictive diagnosis and genetic screening: manipulation of fate?, *Perspect Biol Med*, Vol. 41, S. 282–289.

Henn W. (2009): Schweigepflicht und Datenschutz bei genetischer Beratung – Ethische Grundlagen informationeller Selbstbestimmung, in: Hirschberg I./Grießler E./Littig B./Frewer A. (Hrsg.): *Ethische Fragen genetischer Beratung*, Frankfurt: Peter Lang Verlag, S. 103–119.

Henn W./Schindelhauer-Deutscher H. J. (2007): Kommunikation genetischer Risiken aus der Sicht der humangenetischen Beratung: Erfordernisse und Probleme, *Bundesgesundheitsblatt*, Vol. 50, S. 174–180.

Hoedemaekers R./ten Have H. (1999): The concept of abnormality in medical genetics, *Theor Med Bioethics*, Vol. 20, S. 537–561.

Hudson K. L. (2007): Prohibiting genetic discrimination, *N Engl J Med*, Vol. 356, S. 2021–2023.

Li L./Plummer S. J./Thompson C. L. et al. (2008): A common 8q24 variant and the risk for colon cancer: a population-based case-control study, *Cancer Epidemiol Biomarker Prev*, Vol. 17, S. 339–342.

Lynch E. L./Doherty R. J./Gaff C. L./ et (2003): „Cancer in the family" and genetic testing: implications for life insurance, *Med J Aust*, Vol. 179, S. 480–483.

Kaye J. (2008): The regulation of direct-to-consumer genetic tests, *Hum Molec Genet*, Vol. 17, S. R180–R183.

Knudsen L. E./Loft S. H./Autrup H. N. (2001): Risk assessment: The importance of genetic polymorphisms in man, *Mutation Research*, Vol. 482, S. 83–88.

Müller J. H. (2008): Elektronische Patientenakte: Schlüsselrolle für den Datenschutz, *Dt Ärztebl*, Vol. 105, S. A571–A573.

Origone P./Bonioli E./Panucci E. et al. (2000): The Genoa experience of prenatal diagnosis in NF1, *Prenat Diagn*, Vol. 20, S. 719–724.

Rautenstrauch J. (2003): Der Unpatient, *Einblick (Zeitschrift des DKFZ)*, Vol. 3, S. 37.

Schlehe B./Schmutzler R. (2008): Hereditäres Mammakarzinom, *Chirurg*, Vol. 7, S. 1047–1054.

Szudek J./Joe H./Friedman J. M. (2002): Analysis of intrafamilial phenotypic variation in neurofibromatosis 1, *Genet Epidemiol*, Vol. 23, S. 150–164.

Wilson J. M. G./Jungner G. (1968): Principles and practice of screening for disease, *WHO Public Health Paper*, No. 34.

Zlotogora J. (2003): Penetrance and expressivity in the molecular age, *Genet Med*, Vol. 5, S. 347–352.

# 4 Die Bedeutung genetischer Information im medizinischen Kontext

*Gerhard Wolff und Dagmar Wolff*

## 4.1 Einleitung

Schon lange vor der „Entschlüsselung" des menschlichen Genoms wurden Informationen in medizinischen Kontexten genutzt, die hier als „genetische Information" definiert werden: Dabei handelt es sich nicht nur um DNA-derivierte Information, sondern um alle Arten von Information, die potenziell Auskunft über die genetische Disposition von Menschen zulassen. Seit den 1990er Jahren diskutieren (Medizin-) Ethiker und Genetiker über Charakteristika dieser genetischen Information, wobei Expertenkreise seit langem davon ausgehen, dass sie sich nicht fundamental von anderen Arten medizinischer und sonstiger personenbezogener sensitiver Daten unterscheide. In der öffentlichen Diskussion wird hingegen oft eine Sonderstellung genetischer Information proklamiert, die mit immer wiederkehrenden Argumenten untermauert wird. Hierzu gehören: Bedeutung der Information für Angehörige oder größere ethnische Gruppen, ihre Prädiktivität besonders in Bezug auf spät manifestierende Erkrankungen oder die Problematik des Diskriminierungspotentials (für einen Überblick siehe Brändle et al. 2007). Expertenmeinung und allgemeiner Tenor in der Laienpresse sind naturgemäß divergent, was zu einer Perpetualisierung der Debatte um den genetischen Exzeptionalismus führt. Unter einem konstruktivistischen Blickwinkel ist die Debatte wenig nützlich, da jedes Individuum auf der Grundlage eigener Vorerfahrungen ein Modell von „genetischer Information" entwirft (zur mentalen Modellbildung: Seel 2000; Pirnay-Dummer 2006), welches meinungsbildend und damit handlungsrelevant wird. Der Umgang mit genetischer Information ist also für jeden Menschen verschieden – ein Umstand, dem in der Medizin Rechnung getragen werden muss.

Im folgenden Artikel soll zunächst umrissen werden, welche unterschiedlichen Verfahren zur Gewinnung genetischer Information zur Verfügung stehen und welche Konsequenzen dies für die Kommunikation zwischen Patient und Arzt hat.

## 4.2 Ebenen der Gewinnung genetischer Information

Im Allgemeinen wird unter genetischer Diagnostik die Untersuchung auf molekularer Ebene (DNA-Ebene) verstanden. Wenn es jedoch darum geht, prognostische Aussagen über den Gesundheitszustand einer Person zu machen, haben Untersuchungen auf verschiedenen Ebenen Bedeutung (vgl. Tab. 4.1). Hierzu gehören die Familienanamnese, die Eigenanamnese, die körperliche Untersuchung, laborchemische Untersuchungen sowie die genetischen Untersuchungen im engeren Sinne.

**Tabelle 4.1**  Ebenen der Gewinnung genetischer Information

Krankheitsvorgeschichte
- *Eigenanamnese*
- *Familienanamnese*
Körperliche Untersuchung
Bildgebende Verfahren
Feingewebliche Untersuchungen
Biochemische Untersuchungen
Chromosomenuntersuchung
DNA-Diagnostik

Die Familienanamnese erlaubt eine Aussage darüber, ob eine Person mit durchschnittlichen Erkrankungsrisiken zu rechnen hat oder ob eine erhöhte Wahrscheinlichkeit für das Auftreten bestimmter Erkrankungen besteht. Dies gilt sowohl für monogene (d. h. durch einen Einzelgendefekt verursachte) Erkrankungen als auch für polygene (d. h. durch das Zusammenwirken mehrere Gene verursachte) oder multifaktorielle (d. h. durch Umweltfaktoren modifizierte bzw. modifizierbare polygene) Erkrankungen. Aus dem mehrfachen Vorkommen einer Krebserkrankung in einer Familie lässt sich z. B. auf ein erhöhtes Krebserkrankungsrisiko schließen, welches sich unter Umständen auf ein ganz bestimmtes Organ erstreckt (z. B. Brustkrebs, Darmkrebs). Das mehrfache Vorkommen koronarer Herzerkrankungen lässt ebenso auf ein erhöhtes Risiko für einen Herzinfarkt schließen wie das mehrfache Vorkommen von Bluthochdruck, Zuckerkrankheit und anderem auf ein erhöhtes Risiko für die entsprechenden Erkrankungen. Isolierte körperliche Fehlbildungen (wie z. B. Herzfehler, Klumpfuß, Spina bifida) bei Kindern lassen ohne zusätzliche Untersuchungen auf entsprechend erhöhte Wahrscheinlichkeiten für das Auftreten bei weiteren Nachkommen schließen.

Weiterhin sind die Eigenanamnese und die körperliche Untersuchung von prognostischer Bedeutung. Bestimmte psychosoziale Entwicklungsprobleme können auf eine Geschlechtschromosomenstörung hinweisen, „Fußprobleme" auf eine erbliche Form einer Neuropathie, Darmbeschwerden auf eine erbliche Darmkrebserkrankung. Grundsätzlich hat die Ermittlung des aktuellen Gesundheitszustandes immer auch prädiktiven Charakter. Die körperliche Untersuchung kann schon im Kindesalter Hinweise auf spätere Krankheitsrisiken ergeben. So können viele milchkaffeefarbene Flecken auf die Komplikationen einer Neurofibromatose im späteren Leben hindeuten, oder eine leichte Muskelschwäche verbunden mit Problemen der willkürlichen Muskelerschlaffung auf die späteren Komplikationen einer myotonen Dystrophie, oder das Auftreten von Darmpolypen auf eine spätere Krebserkrankung im Rahmen einer familiären adenomatösen Polyposis.

Laborchemische Untersuchungen auf Blutzucker, Fettwerte und den Immunstatus geben ebenfalls Hinweise auf das Fehlen oder Vorliegen von Krankheitsdispositionen und Krankheitskomplikationen.

Eine konventionelle Chromosomendiagnostik wird aus verschiedenen Gründen durchgeführt, z. B. bei Kindern mit einer unerklärten geistigen oder körperlichen

Fehlentwicklung. In der Regel werden hierbei nicht-erbliche Störungen festgestellt (wie z. B. die Trisomie 21 oder Geschlechtschromosomenstörungen). Bei Erwachsenen mit einer Fertilitäts- oder Sterilitätsproblematik dient die genetische Diagnostik der diagnostischen Eingrenzung einer Störung bzw. der Ursachenfindung. Hierbei kann eine Chromosomenveränderung festgestellt werden, die zu einem erhöhten Risiko für das Auftreten kindlicher Fehlentwicklungen oder Fehl- und Totgeburten führt. Hier bezieht sich die prognostische Aussage also nicht auf den Gesundheitszustand der untersuchten Person, sondern auf reproduktive Risiken.

Molekularzytogenetische Untersuchungen dienen der Verfeinerung der Chromosomendiagnostik im Hinblick auf das Vorhandensein oder Nichtvorhandensein von Chromosomenabschnitten oder Genen bzw. Gen-Abschnitten. Hierbei kann besonders gut das Fehlen oder überzählige Vorhandensein von kleinen Chromosomenabschnitten sichtbar gemacht werden. Im Hinblick auf die Aussagekraft gilt das oben für die konventionelle Chromosomendiagnostik Gesagte.

Die direkte Gendiagnostik kann der Krankheitsdiagnose dann dienen, wenn sie in der Lage ist, eine krankheitsverursachende Genveränderung direkt nachzuweisen. Dies ist dann besonders wertvoll, wenn bekannt ist, dass eine bestimmte Mutation mit einem bestimmten Krankheitsbild regelmäßig verbunden ist, wie z. B. bei der Huntington-Krankheit. Genetische Heterogenität kann allerdings zu Interpretationsschwierigkeiten führen, wenn beispielsweise eine Störung durch verschiedene Gene (wie z. B. bei erblichen Formen der Schwerhörigkeit) oder durch zahlreiche Mutationen innerhalb eines Gens (wie z. B. bei der zystischen Fibrose) verursacht wird. Es kann auch sein, dass eine Genmutation nicht zwingend zu einer Erkrankung führt (wie z. B. beim erblichen Brustkrebs) oder zu ganz verschiedenen Krankheitsbildern führen kann.

Die indirekte Gendiagnostik kommt dann zum Einsatz, wenn ein Gen oder eine Genmutation nicht direkt untersuchbar ist, jedoch die chromosomale Lokalisation bekannt ist. Dann können genetische Marker in der Nachbarschaft der Erbanlage dazu dienen, das mutationstragende Chromosom in einer Familie zu identifizieren. Diese Diagnostik erfordert also immer eine sichere klinische Diagnose sowie den Einschluss gesunder und erkrankter Familienmitglieder in die Untersuchung.

Als Beispiele für mit Krankheiten assoziierte Polymorphismen sollen das HLAB27 für die Bechterew-Krankheit und das APOE für die Alzheimer-Krankheit dienen. Bei dem HLAB27 handelt es sich um eine Oberflächeneigenschaft weißer Blutkörperchen, welche das Risiko für das Auftreten der Bechterew-Krankheit um das ca. 100-fache erhöht. Das bedeutet, dass Träger dieses Merkmals ein Erkrankungsrisiko von ca. 10 % für die Erkrankung haben. Von dem APOE4-Genotyp ist bekannt, dass er mit dem Auftreten der sporadischen Alzheimer-Erkrankung verbunden ist. Man findet Träger mit einem oder zwei APOE4-Allelen mit etwa der doppelten Häufigkeit bei Alzheimer-Patienten wie bei Kontrollpersonen. Dies weist auf ein erhöhtes Erkrankungsrisiko von APOE4-Genträgern hin. Diese Beispiele machen deutlich, dass die Ergebnisse der Untersuchung solcher assoziierter Polymorphismen nur eine geringe diagnostische und prognostische Aussagekraft haben (vgl. hierzu: Deutsche Gesellschaft für Humangenetik 2004; 2008).

Genetische Untersuchungen im engeren Sinne sind also in der Lage, Aussagen zu Chromosomenstörungen, monogenen Störungen sowie polygenen Störungen zu machen. Chromosomenstörungen sind selten (ca. 0,6 % in einer Neugeborenenpo-

**Tabelle 4.2** Haupttypen untersuchbarer genetischer Störungen und die Aussagekraft genetischer Tests

| Störung | Häufigkeit | Aussagekraft genetischer Tests |
|---|---|---|
| Chromosomenstörungen | selten, selten erblich | hoch |
| Monogene Störungen | selten | hoch |
| Polygene Störungen | häufig | gering, Umweltfaktoren bedeutsam |
| Nicht-mendelsche Störungen | | |
| – *mitochondriale Störungen* | selten | hoch |
| – *Imprinting Effekte (epigenetische Modifikationen)* | sehr selten | hoch |

pulation) und selten erblich (vgl. Tab. 4.2). Die Diagnostik hat eine hohe Aussage-sicherheit sowohl im Hinblick auf den Typ der Störung als auch im Hinblick darauf, ob es sich um eine erbliche oder nicht erbliche Störung handelt. Monogene Störun-gen sind ebenfalls verhältnismäßig selten. Der Anteil monogen erblicher Erkrankun-gen an den häufigen, in der Regel multifaktoriell bedingten Krankheiten (Beispiel: Krebserkrankung) liegt in der Größenordnung von durchschnittlich 2–10 %. Geneti-sche Tests haben hierbei eine hohe Aussagekraft in Bezug auf das Vorliegen einer Krankheitsmutation und die entsprechende Prognose, wenn eine solche Mutation nachgewiesen wird. Polygene Störungen und Erkrankungen treten hingegen häufig auf. Genetische Tests haben in der Regel eine geringe Aussagekraft sowohl im Hin-blick auf die Diagnostik als auch im Hinblick auf die Prognostik. Zur Beurteilung der Befunde werden in der Regel Daten aus umfangreichen empirischen Untersu-chungen benötigt, welche die Untersuchung von Patientengruppen, Patientenunter-gruppen und den Vergleich mit Kontrollgruppen einschließen. Weiterhin sind für polygene Erkrankungen immer auch Umweltfaktoren bedeutsam. Die Aussagekraft und der Wert der genetischen Diagnostik insgesamt sind bei diesen Störungen ge-ring.

### 4.3 Haupttypen monogener Störungen und die Relevanz genetischer Information

Im Folgenden soll kurz diskutiert werden, welche Relevanz monogene Störungen haben können und welche Aussagen aus der Diagnose einer monogenen Störung abgeleitet werden können.

Es gibt zahlreiche, jedoch insgesamt seltene, autosomal dominant erbliche Ent-wicklungsstörungen bzw. Fehlbildungen, die schon bei Neugeborenen oder im Kin-desalter diagnostiziert werden. Wenn die Eltern gesund sind, handelt es sich oft um Neumutationen (Neuveränderungen der Erbanlage in einer der elterlichen Keim-zellen), sodass die Diagnose für weitere Angehörige nicht von Bedeutung ist und nur ein Erkrankungsrisiko von Nachkommen der betroffenen Person besteht. Von größerer Bedeutung sind autosomal dominant erbliche Erkrankungen mit spätem

Erkrankungsbeginn und progressivem Verlauf oder mit spät manifestierenden Komplikationen. Wenn eine solche Erkrankung diagnostiziert wird, ist dies nicht nur für die untersuchte Person, sondern für alle nahen Verwandten von Bedeutung, da jeder gesunde Verwandte Genträger sein und das Krankheitsrisiko tragen kann. Das Wissen um eine solche Erkrankung impliziert also von vornherein das Wissen um ein späteres Krankheitsrisiko für weitere Familienmitglieder, welches ggf. genetisch weiter abgeklärt werden kann.

Bei den autosomal rezessiv erblichen Erkrankungen handelt es sich häufig um Erkrankungen mit einem sehr frühen Erkrankungsbeginn. Ein praktisch bedeutsam erhöhtes genetisches Risiko besteht in der Regel nur für Geschwister. Die Erkrankungen selbst sind in der Regel selten (ca. 0,2–0,3 % in einer Neugeborenenpopulation). Es gibt jedoch zahlreiche gesunde Anlageträger in der Bevölkerung, wie z. B. für die zystische Fibrose (1 : 25) oder die Hämochromatose (1 : 10). Für die persönliche Gesundheit ist die Anlageträgerschaft in der Regel ohne größere Bedeutung, jedoch im Hinblick auf das Erkrankungsrisiko für Nachkommen relevant.

Geschlechtsgebunden (X-chromosomal rezessiv) erbliche Erkrankungen sind oft schwerwiegende Erkrankungen mit einem frühen Beginn (Beispiel: Muskeldystrophie vom Typ Duchenne). Weibliche Angehörige können gesunde Anlageträgerinnen sein. Ein erhöhtes Erkrankungsrisiko besteht hauptsächlich für männliche Angehörige und kann für viele Erkrankungen heutzutage molekulargenetisch abgeklärt werden.

## 4.4 Möglichkeiten und Besonderheiten genetischer Diagnostik

Noch nicht alle der ca. 25.000 vermuteten menschlichen Gene sind bis heute bekannt (alle folgenden Zahlenangaben: Stand Januar 2009). So finden sich in der Datenbank OMIM (http://www.ncbi.nlm.nih.gov/sites/entrez?db=omim) aktuell zwar über 12.000 Gene mit bekannter Sequenz, jedoch nur knapp 400 Gene mit bekannter Sequenz und einem dazugehörigen Phänotyp, meist einer Störung oder Erkrankung. Für weitere, inzwischen schon über 4000 Phänotypen wird monogene Vererbung als gesichert angesehen oder zumindest vermutet (http://www.ncbi.nlm.nih.gov/Omim/mimstats.html).

In Deutschland steht gegenwärtig für über 800 krankheitsverursachende Gene eine routinemäßige genetische Diagnostik zur Verfügung (http://www.hgqn.org). Auf der Genetests-Homepage (http://www.genetests.org) finden sich Diagnostikangebote für über 1600 Erkrankungen, davon ca. 300 nur im Rahmen von Forschung.

Molekulargenetische Befunde haben aber je nach festgestellter Auffälligkeit eine unterschiedliche Wertigkeit (vgl. Tab. 4.3). So kann die beobachtete Veränderung eine bekannte, krankheitsverursachende Mutation sein und damit eine Verdachtsdiagnose bestätigen. Es kann sich jedoch auch um eine sog. unklassifizierte Variante (UV) handeln, deren Wertigkeit im Hinblick auf Krankheit und Gesundheit nicht sicher eingeschätzt werden kann. Weiterhin werden bei einer Untersuchung in der Regel mehrere sog. Polymorphismen festgestellt, die keine gesundheitliche Bedeutung haben.

Genetische Befunde haben aber auch eine inhärente „Unschärfe". Als Folge anderer genetischer Faktoren oder exogener Faktoren, die an der Ätiologie einer Erkrankung beteiligt sind, kann bei einer monogen erblichen Störung, insbesondere

**Tabelle 4.3** Besonderheiten molekulargenetischer Befunde

Unterschiedliche Wertigkeit:
- *krankheitsverursachende Mutationen*
- *Varianten (UV, unclassified variants)*
- *Polymorphismen*

„Unschärfe" molekulargenetischer Befunde:
- *Sensitivität*
- *Spezifität*
- *klinische Heterogenität:*    verminderte Penetranz
                                           variable Expressivität

Genetische Heterogenität:
- *mehrere Gene oder*
- *mehrere Mutationen im gleichen Gen*

bei dominant erblichen Erkrankungen, eine sog. verminderte Penetranz vorliegen. Dies heißt, dass nicht alle, sondern nur ein Teil der Träger einer Genmutation im Laufe des Lebens erkrankt. So ist von den Brustkrebsgenen bekannt, dass nur 60–90 % aller Trägerinnen einer Genmutation tatsächlich an Brustkrebs erkranken. Der Begriff der variablen Expressivität beschreibt, dass Träger einer bestimmen Genmutation nicht immer in gleicher Weise oder im gleichen Lebensalter erkranken, und dass die Krankheiten unterschiedliche Verläufe nehmen können, auch wenn sie Folge identischer Mutationen sind. Diese Variabilität ist von vielen Tumorerkrankungen, von der Mukoviszidose, aber auch von Chromosomenstörungen bekannt. Die Variabilität eines Krankheitsbildes muss sowohl bei der Interpretation von Gendiagnostikbefunden als auch bei der Beratung der Patienten berücksichtigt werden. Die genetische Heterogenität ist für die Aussagekraft genetischer Diagnostik vor allem dann von Bedeutung, wenn bei einer gezielten Suche keine Genmutation nachgewiesen werden kann. In diesen Fällen hängt der Wert eines Gendiagnostikbefunds von der Art und dem Ausmaß der Heterogenität ab. Es handelt sich dabei um ein eher häufiges als seltenes Problem. Die bisher aufgeführten Besonderheiten können auch als Sonderfälle einer biologisch begründeten Einschränkung der Sensitivität und Spezifität der Untersuchungsverfahren aufgefasst werden.

Klinische und sonstige laborchemische Befunde haben ebenfalls eine eingeschränkte Sensitivität und Spezifität und lassen oft nur Wahrscheinlichkeitsaussagen über das Vorliegen einer Genmutation zu. Wie sicher diese Aussagen sein können, hängt unter anderem auch davon ab, wie häufig die jeweiligen Erkrankungen in der Bevölkerung vorkommen. Deshalb ist immer die Bestimmung eines positiven oder negativen prädiktiven Wertes erforderlich, d. h. die Bestimmung einer Wahrscheinlichkeitsaussage unter Berücksichtigung aller verfügbaren Daten. Erst dann ist die Bewertung der klinischen Bedeutung einer Untersuchungsmethode vollständig.

Die Komplexität genetischer Information wird besonders bei sog. polygener Vererbung deutlich. Damit ist die Bestimmung und Vererbung eines Phänotyps durch mehrere Gene an verschiedenen Genorten gemeint, wobei jedes Gen einen kleinen additiven Effekt ausübt und kein Gen eine dominante oder rezessive Wirkung gegenüber einem anderen hat. Dies führt bei Polygenie mit zahlreichen beteiligten Genorten zu einer Normalverteilung der möglichen Genotypen in einer Bevölkerung und zur Manifestation einer Erkrankung in der Regel ab einem bestimmten Schwellenwert. Dabei sind in der Regel auch zusätzliche nicht-genetische Faktoren beteiligt. Beides kann das familiäre, nicht den Mendel'schen Vererbungsregeln folgende Auftreten von multifaktoriell bedingten Merkmalen und Erkrankungen erklären. Ob und in welcher Weise äußere Faktoren Einfluss haben, ist nicht zuletzt durch die Anzahl beteiligter Gene sowie den Beitrag eines eventuellen dominanten Hauptgens bestimmt.

## 4.5 Besonderheiten prädiktiver genetischer Information

Die Besonderheiten genetischer Information in der medizinischen Praxis lassen sich besonders gut am Beispiel der sog. prädiktiven genetischen Diagnostik aufzeigen. Hierbei handelt es sich um die Untersuchung einer gesunden Person auf eine Erbanlage, welche in einem veränderten (mutierten) Zustand mit Sicherheit oder einer bestimmten Wahrscheinlichkeit zu einer Erkrankung später im Leben führen wird. Prädiktive genetische Diagnostik ist zwar keine prinzipiell neue Form der Diagnostik, da auch andere medizinische Parameter prädiktive Aussagekraft haben. Die Möglichkeiten und inhärenten Probleme molekularer Medizin haben jedoch sowohl zu einer Über- als auch Unterschätzung genetischer Information geführt. Unbestritten ist dabei, dass sie in Einzelfällen (Paradigma Huntington-Krankheit) sowohl qualitativ als auch quantitativ eine größere Reichweite hat als andere Diagnostiken. Schließlich ist es im Laufe der Zeit zu einer Neubewertung anderer medizinischer prädiktiver Parameter gekommen. Problematisch bleibt nach wie vor, dass die „Schere" zwischen Diagnosemöglichkeiten und Therapie sich weiter öffnet. Dies ist unvermeidlich, wird aber verstärkt wahrgenommen wegen früherer unhaltbarer Versprechen im Hinblick auf die baldige Entwicklung von Therapien. Hingegen gibt es eindeutige Fortschritte bei der Prädiktion bestimmter, familiär auftretender Erkrankungen, die schon in die Routinediagnostik Eingang gefunden haben und ggf. den Ausschluss eines Krankheitsrisikos oder eine spezifische Prävention und Therapie für Anlageträger ermöglichen. Aber auch bei nicht behandelbaren und nicht verhinderbaren Erkrankungen kann der Nutzen den Schaden einer Information über den genetischen Status überwiegen, indem sie auch bei einem Mutationsnachweis Unsicherheit beseitigt, die Erkrankungsrisiken von Nachkommen präzisiert und eine realistische Zukunftsplanung ermöglicht. Dennoch birgt die Erhebung genetischer Information Probleme im Umgang, die bedacht sein wollen. So ist immer wieder ein reduktionistisches Verständnis von Befunden zu beobachten, wenn im medizinischen Alltag bei Mutationen von „kranken Genen" gesprochen wird und der kranke Mensch aus dem Blickfeld gerät. Das Gleiche geschieht, wenn mit Befunden deterministisch umgegangen wird, so als ob mit der Feststellung einer molekularen Auffälligkeit ein Schicksal festgelegt sei. Schließlich erlaubt eine präzise genetische Prädiktion die Individualisierung genetischer Risiken und kann hierüber zu Entsolidarisierung mit und Diskriminierung von Betroffenen führen. Genetische Diagnostik hat über den einzelnen Betroffenen hinaus in der Regel auch Bedeutung für die Familienangehörigen. Aus diesen Gründen haben Aufklärung und Beratung sowie der

„informed consent" vor prädiktiver genetischer Diagnostik ein besonderes Gewicht, dies umso mehr, je weniger eine „Indikation" im klassischen medizinischen Sinne, d. h. ein zwingender medizinischer, therapeutischer Grund für die Durchführung zu sehen ist. Bei den nicht verhinderbaren und nicht behandelbaren Erkrankungen stehen dagegen psychosoziale Aspekte sowie solche der Lebens- und Familienplanung im Vordergrund.

## 4.6 Absehbare quantitative und qualitative Veränderungen genetischer Diagnostik

Die Entwicklung der oben genannten Zahlen in den vergangenen Jahren zeigt eine rasante Zunahme der Kenntnis von monogen bedingten Phänotypen und der Zahl untersuchbarer Gene. Diese Entwicklung ist noch lange nicht abgeschlossen, nach wie vor erfolgen ca. 50–100 Neueinträge pro Monat (!) von Genen oder Krankheiten in die OMIM-Datenbank. Deshalb ist eine weitere Zunahme der diagnostischen Tiefe und diagnostischen Breite zu erwarten. Dies wird nicht zuletzt durch die Vereinfachung und Vereinheitlichung der Methoden (Mikrochip-Technologie, whole-genome-scan) befördert, welche in der Regel mit einer Kostensenkung verbunden ist und unter anderem auch eine Entspezialisierung befördert. Schon jetzt wird ein überwiegender Teil genetischer Diagnostik in großen Laborfirmen und nicht in humangenetischen Instituten und Praxen durchgeführt, dies nicht selten ohne eine vorausgehende adäquate humangenetische Beratung.

Zu den absehbaren qualitativen Veränderungen gehört, dass die bisherige, bevorzugt bei den seltenen, monogenen Erkrankungen durchgeführte Diagnostik sich erweitern und auch auf die häufigen, multifaktoriell bedingten Erkrankungen („Volkskrankheiten" wie Herz-Kreislauf-Erkrankungen, Diabetes, Hypertonie, häufige Krebserkrankungen im Alter etc.) erstrecken wird. Schon seit vielen Jahren ist genetische Diagnostik von der Humangenetik in alle Bereiche der Medizin diffundiert und hat zu einem neuen „molekularen Paradigma" der Medizin geführt. Es ist vorstellbar, dass Angebot und Inanspruchnahme indikationsfrei und unter Abkopplung von genetischer Beratung erfolgen, wenn genetische Diagnostik von Praxen oder Firmen angeboten wird, welche sich nicht an die in der Medizin entwickelten Richtlinien gebunden fühlen. Deshalb hat das inzwischen verabschiedete Gendiagnostikgesetz zumindest den Arztvorbehalt geregelt.

In diesem Zusammenhang verdienen die sog. Multiparameter-Tests Beachtung, die zur Zeit schon vermarktet werden und auf eine große Klientel, letztlich die Bevölkerung, abzielen, da diese Untersuchungen vorgeben, unabhängig von einer spezifischen Fragestellung Risiken für häufige, multifaktoriell bedingte Erkrankungen zu präzisieren und somit vorbeugend wirken zu können. Auf die Problematik dieser Art von Diagnostik hat die Deutsche Gesellschaft für Humangenetik e. V. (2008) schon frühzeitig hingewiesen.

## 4.7 Praktische Erfahrungen mit prädiktiver genetischer Diagnostik

Seit über 20 Jahren werden Erfahrungen mit prädiktiver genetischer Diagnostik gesammelt. Für die nicht verhinderbaren und nicht behandelbaren, spät im Leben auftretenden Erkrankungen war und ist die Huntington-Krankheit paradigmatisch, aber auch für viele andere, vor allem neurologische Erkrankungen liegen Erfahrungen mit prädiktiver Diagnostik vor. Diese Erfahrungen zeigen, dass eine solche Diagnostik von Nutzen sein kann, wenn sie in eine entsprechende Beratungs- und Betreuungsstruktur eingebunden ist. Weiterhin gibt es genetisch bedingte Erkrankungen mit teilweise guten Präventions- und Therapiemöglichkeiten. Hierfür sind vor allem bestimmte erbliche Krebserkrankungen (erblicher Darm- und Brustkrebs, seltene Syndrome mit Krebsrisiko) beispielhaft, für die ebenfalls seit langem Erfahrungen gesammelt werden. Auch die Möglichkeit der Verwendung genetischer Marker zur Risikomodifikation ist seit langem bekannt, aus der vor-molekularen Zeit z. B. die HLA B27-Typisierung für die Bechterew-Krankheit und später z. B. die APOE-Typisierung für die Alzheimer-Krankheit. Wenig Erfahrungen liegen hingegen für die Multiparameter-Diagnostik vor, deren Wertigkeit und Bedeutung für die Betroffenen höchst umstritten ist (vgl. hierzu die oben genannten Stellungnahmen der Deutschen Gesellschaft für Humangenetik e. V.).

## 4.8 Die Bewertung prädiktiver genetischer Information in der medizinischen Praxis

Zunächst ist zu berücksichtigen, dass die „genetische Information", in der Regel ein molekulargenetischer Befund, in den meisten Fällen zu einer „Wahrscheinlichkeitsaussage" führt. Das gilt oft schon für den Laborbefund selbst, der entsprechend vorsichtig formuliert wird (so können z. B. genetische Mosaikzustände oder bei unauffälligen Befunden Mutationen in nicht untersuchten Genen nie mit Sicherheit ausgeschlossen werden), aber besonders für die Interpretationsebene im Hinblick auf die klinische Bedeutung (variable Expressivität, siehe oben).

Weiterhin ist genetische Information in der Regel nicht nur für die aktuelle Situation, sondern auch für größere Zeiträume in der Zukunft von Bedeutung. Sie eröffnet in der Regel neue Unwägbarkeiten und neue Entscheidungsspielräume.

Die Besonderheit einer Wahrscheinlichkeitsaussage besteht darin, dass sie sich immer auf ein Kollektiv, nicht auf Einzelpersonen bezieht – die konkrete individuelle Situation bleibt unbekannt. Daraus folgt, dass die Information „genetischer Befund" im Hinblick auf den Nutzen für eine konkrete persönliche Situation der Interpretation durch den (Fach-)Arzt bedarf.

Eine medizinische Befundbewertung erfolgt im Wesentlichen in vier Bewertungsschritten:

1. Bewertung der Sicherheit des Befundes bzw. der Befunderhebung, um Laborfehler, Verwechslung der Proben oder Ähnliches auszuschließen;
2. Einschätzung des prädiktiven Werts des Befundes, wobei die *a priori* Wahrscheinlichkeit, die Sensitivität und die Spezifität des Tests bewertet werden;
3. medizinisch-genetische Bewertung in Bezug auf die Bedeutung der Testergebnisse im Hinblick auf die in Frage stehende Erkrankung (Symptome, Variabilität, Prävention, Therapie) sowie
4. individuelle Bewertung mit den bzw. durch die Betroffenen, Eltern, Angehörige.

Dabei wird die Bedeutung der Befunde für den Einzelnen und die Familie herausgearbeitet und ggf. eine psychosoziale und ethische Bewertung vorgenommen.

**Tabelle 4.4**  Wahrscheinlichkeiten für den Eintritt eines Ereignisses

| | |
|---|---|
| Sechs Richtige im Lotto | 1 : 13 983 816 |
| An Grippe sterben | 1 : 200 000 |
| Im Straßenverkehr sterben | 1 : 8 130 |
| 100 Jahre alt werden (m) | 1 : 599 |
| 100 Jahre alt werden (w) | 1 : 143 |
| Ein krankes Kind bekommen | 1 : 20 |
| An Krebs erkranken | 1 : 5 |

## 4.9  Psychologische Modelle der Einschätzung von Risiken

Zur Bewertung von genetischen Befunden stehen mehrere psychologische Modelle zur Risikoeinschätzung zur Verfügung. Hierzu gehören subjektive Heuristiken, die Ermittlung und der Vergleich von Wahrscheinlichkeiten und Einschätzungen zur Risikowahrnehmung und Risikobewertung.

Die Bewertung der Wahrscheinlichkeit des Eintretens eines Ereignisses durch subjektive Heuristik geht auf Kahneman und Tversky zurück (Kahneman et al. 1982). Diese zeigen, dass eine interindividuelle Konstanz der verwendeten Heuristiken besteht: Die subjektive Wahrscheinlichkeit für ein Ereignis ist größer, wenn Beispiele für das Ereignis gut vorgestellt oder in Erinnerung gerufen werden können (Beispiel: Autounfall) – dies wird Verfügbarkeitsheuristik genannt. Die sog. Repräsentativitätsheuristik besagt, dass es eine größere subjektive Wahrscheinlichkeit für ein Ereignis gibt, wenn das Ereignis für die jeweilige Population repräsentativ ist bzw. so eingeschätzt wird (Beispiel: Manipulation von Forschungsergebnissen durch Forscher). Einige Wahrscheinlichkeiten sind in Tabelle 4.4 zusammengefasst.

Viele Wahrscheinlichkeiten werden falsch bewertet, zum einen durch das Phänomen eines Trugschlusses, zum anderen durch den sog. Basisraten-Fehler. Beispiele für Fehlinterpretationen sind etwa: „Nach fünf Jungen muss das nächste Kind doch ein Mädchen sein" oder „Wenn in einer Familie viele betroffen sind, steigt das individuelle Krankheitsrisiko doch letztlich auf 100 %".

Basisraten-Fehler entstehen durch die Fehlinterpretation der Wahrscheinlichkeit des Auftretens eines Ereignisses aufgrund einer gewissen Konstellation der Grundgesamtheit: Beispiel: Ein Zeuge behauptet, das einen Unfall verschuldende Taxi sei blau gewesen. Nehmen wir nun an, dass aber nur 10 % der Taxen in der Stadt blau und 90 % grün sind. Gehen wir weiter davon aus, dass Zeugen bei einem Unfall 75 % (3/4) der Fahrzeuge korrekt erkennen. Beträgt die Wahrscheinlichkeit, dass der Unfall durch ein blaues Taxi verschuldet wurde, nun 75 %, 40 % oder 10 %? Nun, sie beträgt 25 %.

Zur Berechnung von solchen Wahrscheinlichkeiten und auch solchen in medizinisch-genetischen Kontexten wird das Bayes-Theorem herangezogen (Krawczak 1995). Dies ist eine Berechnungsmethode einer Gesamtwahrscheinlichkeit („posterior probability") für den Eintritt eines Ereignisses C unter Berücksichtigung von:

– einer Ausgangswahrscheinlichkeit („anterior information", „a priori probability") und
– einer Zusatzinformation („observational information", „conditional probability")

zur Ermittlung einer verbundenen Wahrscheinlichkeit („joint probability") für den Eintritt und den Nicht-Eintritt von C jeweils unter der Voraussetzung der Zusatzinformation.

Die Gesamtwahrscheinlichkeit („posterior probability") ist somit der Quotient der verbundenen Wahrscheinlichkeit für C und der Summe der verbundenen Wahrscheinlichkeiten für Eintritt und Nicht-Eintritt von C. Mit dieser Methode sind Berechnungen von Wahrscheinlichkeiten, z. B. das persönliche Krebsrisiko unter Berücksichtigung einer positiven starken Familienanamnese möglich.

Nach der Berechnung des individuellen Risikos bzw. der Wahrscheinlichkeit des Eintretens einer Erkrankung aufgrund eines medizinisch-genetischen Befundes erfolgt die Bewertung dieses Ereignisses hinsichtlich der Wahrscheinlichkeit seines Eintritts und der Schwere der Schädigung.

Dabei ist die Wahrnehmung des Risikos individuell verschieden. Es spielen Emotionen wie Angst (ungerichtet) ggf. bis hin zu Kontrollverlust, Furcht (gerichtet), und Besorgtheit (antizipierte konkrete Befürchtungen, wiederkehrende Gedanken) eine Rolle, welche sowohl physiologische Reaktionen (z. B. erhöhter Puls) als auch kognitive Reaktionen (z. B. erhöhte Wachsamkeit) sowie Reaktionen im Verhalten (z. B. Flucht, Vermeidung oder Abwehr) hervorrufen.

## 4.10  Ebenen der Beratung und „Nicht-Direktivität"

Risikoevaluation und nachfolgende Beratung sind wichtig, um Patienten bzw. Ratsuchenden die Möglichkeit zu geben, auf der Grundlage „genetischer Information" (genetischer Befunde) informierte Entscheidungen zu treffen. Im Beratungsgespräch sind verschiedene Faktoren relevant, die vom Berater oder dem Beratungsteam stets reflektiert werden müssen. Zunächst geht es um medizinisch-genetische Informationen, die erläutert werden. Kognitive und emotionale Faktoren spielen in dem Prozess der Beratung eine große Rolle und müssen im gesamten Verlauf aufmerksam registriert werden. Des Weiteren spielen normative Aspekte eine bedeutsame Rolle. Die Beziehung der Ratsuchenden zum Berater bzw. Beratungsteam ist relevant und die Art der Gesprächsführung hat Einfluss auf das Erleben der Ratsuchenden.

Unter dem Grundsatz der „Nicht-Direktivität" (siehe hierzu ausführlich: Wolff/Jung 1995) ist geboten, dass Berater ihren professionellen Status nicht ausnutzen (Beziehungsebene), ihre eigenen Ansichten reflektiert haben und keine persönlichen „Ratschläge" ins Beratungsgespräch einbringen, sondern Information unverzerrt, sachlich richtig und vollständig darlegen (kognitive Ebene). Auf der emotionalen Ebene dürfen vulnerable Situationen nicht ausgenutzt werden – genetische Diagnostik erfolgt oft in emotional stark aufgeladenen und konfliktbeladenen Situationen. Die normative Ebene beinhaltet den respektvollen Umgang mit individuellen Wertsetzungen.

Unter Beachtung der hier dargelegten Aspekte ist die genetische Beratung eine Möglichkeit der Risikoevaluation und -bewertung für Ratsuchende, in der genetische Informationen aus verschiedenen Quellen (Familienanamnese, klinische Befunde und genetische Diagnostik) zu einem persönlichen Risikoprofil zusammengeführt werden, um auf dieser Grundlage Entscheidungen über weitere Maßnahmen oder ggf. über die Lebensführung zu treffen, sowohl in medizinischer wie auch in familiärer und sozialer Hinsicht. Die Verantwortung des Beraters oder des Beratungsteams muss dem Rechnung tragen und mit den Prinzipien des *best professional conduct* wirksame Hilfe anbieten. Hierzu gehört, dass Informationen in klarer, angemessener, unverzerrter Weise, mit ausreichend Zeit und dem einzelnen Ratsuchenden bzw. Patienten angepasst mit professionellen Gesprächsmethoden dargelegt, bei Bedarf erklärt und im Kontext der Lebenswirklichkeit des/der Betroffenen bewertet werden. Mit der Wahl geeigneter präventiver oder therapeutischer Mittel oder in der Adaptation der Lebensführung kann dann genetische Beratung ihr Potenzial zum Wohle der Ratsuchenden bzw. Patienten entfalten.

## 4.11 Genetische Information und genetische Diagnostik

Genetische Information wird im Kontext medizinischer Diagnostik von verschiedenen Personen(-gruppen) unterschiedlich bewertet. Dabei ist die Expertenmeinung nicht maßgeblich in Bezug auf einen eventuellen Exzeptionalismus, sondern die individuelle Modellbildung des Einzelnen. Genetische Information wird kontextbezogen bewertet und provoziert je nach Situation unterschiedliche psychosoziale Reaktionen. Hierauf müssen Mediziner mit adäquaten Beratungsangeboten antworten. Diese Problemstellung in der Humangenetik ist den Problemstellungen in anderen medizinischen Fachgebieten prinzipiell vergleichbar, auch wenn sie sich in der Humangenetik öfter und in verschärfter Form ergibt. Jedoch wird mit der immer weiter fortschreitenden Erforschung häufiger polygener und multifaktoriell bedingter Erkrankungen in allen Fachgebieten ein spezifischer Beratungsbedarf entstehen, welchem in der Patientenbetreuung entsprochen werden muss.

## Literaturverzeichnis

Brändle C./Reschke D./Wolff G. (2007): Genetischer Exzeptionalismus – Woher, wohin, wozu?, in: Schmidtke J./Müller-Röber B./van den Daele W./Hucho F./Köchy K./Sperling K./Reich J./Rheinberger H.-J./Wobus A. M./Boysen M./Domasch S. (Hrsg.): *Gendiagnostik in Deutschland. Status quo und Problemerkundung*, Limburg: Forum W – Wissenschaftlicher Verlag, S. 123–142.

Deutsche Gesellschaft für Humangenetik (2004): Stellungnahme zur genetischen Diagnostik auf Dispositionsfaktoren für multifaktoriell bedingte Erkrankungen und Entwicklungsstörungen sowie Medikamentenreaktionen, *Medizinische Genetik*, Jg. 16, S. 115–117; vgl.: http://www.medgenetik.de/sonderdruck/2004-115-Stelln-Polymorph.pdf (gesehen am: 06.04.2009).

Deutsche Gesellschaft für Humangenetik (2008): Kommerzielle Internet-Angebote zur Analyse genetischer SNP-Varianten, *Medizinische Genetik*, Jg. 20, S. 237; vgl.: http://www.gfhev.de/de/leitlinien/LL_und_Stellungnahmen/2008_02_22_GfH_stellungnahme_snp_kommerz.pdf (gesehen am: 06.04.2009).

Gentests, auf: http://www.genetests.org (gesehen am: 12.02.2009).

Kahneman D./Slovic P./Tversky A. (1982): *Judgment under uncertainty: Heuristics and biases*, New York: Cambridge University Press.

Krawczak M. (1995): Bayes'sche Logik in der medizinischen Genetik – von der Tatsache zur Vermutung, *Medizinische Genetik*, Jg. 7, S. 369–375.

OMIM Datenbank, auf: http://www.ncbi.nlm.nih.gov/Omim/mimstats.html (gesehen am 15.02.2009).

Pirnay-Dummer P. (2006): *Expertise und Modellbildung – MITOCAR*, Freiburg: Universitäts-Dissertation.

Seel N. M. (2000): *Psychologie des Lernens. Lehrbuch für Pädagogen und Psychologen*, München: Ernst Reinhardt Verlag.

Wolff G./Jung C. (1995): Nondirectiveness and genetic counselling, *Journal of Genetic Counseling*, Vol. 4, Heft 1, S. 3–25.

# 5  Umgang mit der genetischen Information bei Chorea Huntington

*Volker Obst*

Im Jahr 1987 wurde meine Frau mit Chorea Huntington diagnostiziert. Aufgrund der Erkrankung haben wir uns der Deutschen Huntington-Hilfe e. V. (DHH) angeschlossen. Ich war langjährig Vorstandsvorsitzender des Landesverbandes Berlin-Brandenburg der DHH, bin nun aber aus Belastungsgründen ausgeschieden. Aus meiner persönlichen Erfahrung und aus der Erfahrung anderer Mitglieder der DHH möchte ich im Folgenden darauf eingehen, was genetische Information für Risikopersonen und Betroffene bedeutet: Wenn sie erfahren, dass sie erblich belastet sein könnten, wenn andere erfahren, dass sie Risikopersonen sind und wenn sie sich für oder gegen einen prädiktiven Test entscheiden. Einführend stelle ich die Krankheit vor und damit im Zusammenhang die Möglichkeit eines Vorhersagetests, den wir in der DHH nicht immer empfehlen. Dann gehe ich auf einzelne Beispiele ein, die aus meiner Sicht den konfliktreichen Umgang mit der genetischen Information auf vielen Ebenen unserer Gesellschaft gut darstellen. Zum Schluss möchte ich auf die Wichtigkeit der Richtlinien unserer Selbsthilfeorganisation hinweisen.

## 5.1  Kurzvorstellung der Huntington-Krankheit

Die Huntington-Krankheit ist eine seltene, genetisch vererbbare Erkrankung, bei der das Gehirn betroffen ist. Ursache der Erkrankung ist ein verändertes Gen auf dem Chromosom 4. Bei gesunden Menschen findet sich auf dem kurzen Arm des Chromosoms eine Wiederholung von einem Triplett (CAG) bis zu 35-mal, bei Betroffenen wiederholen sich diese Tripletts bis zu 250-mal. Tendenziell kann man sagen, dass die Krankheit umso früher auftritt und einen umso schwereren Verlauf nimmt, je mehr Wiederholungen jemand von diesen Tripletts hat. Da die Veränderung auf einem Chromosom zu finden ist, das sowohl bei Männern als auch bei Frauen doppelt auftritt, und die Krankheit bereits bei einem veränderten Chromosom ausbricht (autosomal dominanter Vererbungsweg), sind Männer und Frauen gleichermaßen betroffen. Jeder, der diese genetische Veränderung trägt, wird im Laufe seines Lebens auch erkranken. In Deutschland kommt die Krankheit in etwa 1 : 20.000 Fällen vor. Nur selten entsteht sie durch eine Neumutation. Nach meiner Kenntnis ist das bei 1,5–2 % der von der Huntingtonschen Erkrankung Betroffenen der Fall. Da die Erkrankung in der Familie nicht bekannt ist, gehen wir davon aus, dass meine Frau zu dieser Gruppe gehört.

Die ersten Symptome zeigen sich in der Regel im Alter von 35–45 Jahren; die Krankheit entwickelt sich progressiv. Sowohl der Zeitpunkt des Ausbruchs als auch der Verlauf der Erkrankung sind individuell verschieden. So können auch schon Kinder betroffen sein oder die Erkrankung macht sich erst im Rentenalter bemerkbar.

Viele Patienten leiden unter neurologischen (Bewegungs-)Störungen, psychischen Veränderungen und dem Rückgang intellektueller Fähigkeiten.

Meist stehen am Anfang der Erkrankung fortschreitende psychische Auffälligkeiten im Vordergrund: Betroffene werden depressiv, reizbar und aggressiv oder enthemmt. Sie können aber auch verschlossen und launenhaft werden. Ursprünglich höflich, verbindlich und freundlich im Umgang mit anderen werden sie ohne ersichtlichen Grund verletzend oder neigen zu Wutausbrüchen. Manche bemerken einen Verlust an geistigen Fähigkeiten oder eine zunehmende Ängstlichkeit. Durch den Rückgang der geistigen Fähigkeiten können Betroffene jegliches Vertrauen verlieren. Es kommt vor, dass jemand beispielsweise wiederholt kontrolliert, ob die Haustür geschlossen ist. Dieses Misstrauen herrscht oft auch gegenüber dem Partner, den Kindern und anderen und kann sich zum Beispiel dadurch äußern, dass der Kranke über jeden alles wissen will oder in der Einbildung lebt, dass jeder schlecht über ihn redet. Im schlimmsten Fall verliert der Kranke jeden Bezug zur Wirklichkeit und lebt in Wahnvorstellungen (Halluzinationen).

Im späteren Stadium kommt eine fortschreitende Vergesslichkeit und ein Interessensverlust hinzu. Betroffenen fällt es schwer, sich auf einen Gedankenverlauf zu konzentrieren (Demenz).

Anfängliche Bewegungsstörungen sind nicht immer klar einzuordnen. Es ist möglich, dass ungewollte Bewegungen oft noch in scheinbar sinnvolle Bewegungsabläufe eingebaut werden. Jeder ungeschickte Handgriff kann somit als frühes Symptom gedeutet werden und schürt bei Risikopersonen Angst vor der Krankheit. Tic-artige Muskelzuckungen, wie Augenzwinkern (nicht mit dem physiologischen Lidschlag zu verwechseln), Mundverzerrungen, ruckartige Kopfdrehungen, plötzliche Bewegungen der Finger oder auch eines einzelnen Fingers, der Zehen oder Füße können die ersten Anzeichen dieser Krankheit sein. Aber diese Phänomene sind zum Teil auch bei Gesunden zu beobachten. Später treten plötzliche unkontrollierbare und überschießende Bewegungen von Extremitäten oder Rumpf auf. Diese Störungen zeigen sich in Ruhe oder beeinträchtigen andere Bewegungen, bis schließlich wahllose, unwillkürliche Bewegungsstürme den gesamten Körper durchziehen. Da auch Zungen- und Schlundmuskulatur betroffen sein können, entstehen Sprachstörungen, was die Kommunikation mit den Betroffenen erschwert. Die Sprache wirkt in diesen Fällen abgehackt und unverständlich, Laute werden explosionsartig ausgestoßen. Ebenso kann es zu Schluckstörungen kommen, sodass die Nahrungsaufnahme sehr schwierig wird. Patienten verschlucken sich wiederholt, folglich ist Lungenentzündung eine häufige Komplikation.

Der Verlauf der Erkrankung wird durch ungünstige, vor allem stressvolle Lebensumstände beschleunigt, deshalb hängt viel von der Versorgung und den Umständen der Versorgung ab.

Bisher kann die Huntington-Krankheit nicht ursächlich behandelt werden. Es gibt nur Medikamente, die einzelne Symptome mindern können. So werden bei übermäßigen unkontrollierten Bewegungsabläufen Neuroleptika gegeben, bei depressiven Verstimmungen Antidepressiva. Neben der medikamentösen Therapie sind aber auch Krankengymnastik, Beschäftigungstherapie sowie Sprechtraining wichtig. Da die Symptome bei den verschiedenen Patienten unterschiedlich sein können, muss die Therapie individuell angepasst werden.

Meine Frau befindet sich im späten Stadium der Erkrankung. Sie liegt seit 1994 fest im Bett, wird über eine Magensonde zusätzlich zu vollpürierter Kost ernährt und ist ein Härtefall im Sinne der Pflegeversicherung. Seit 1998 lebe ich mit meiner Partnerin, deren Ehemann ebenfalls von der Huntingtonschen Erkrankung betroffen ist, zusammen. Nachdem es ihm viele Jahre besser ging als meiner Frau, ist seine Erkrankung nun so weit fortgeschritten, dass er rund um die Uhr überwachungspflichtig ist. Neben unserer vollen Berufstätigkeit pflegen wir unsere Ehepartner mit Hilfe von im „Privaten Haushalt" (Rechtsform) angestellten Pflegekräften, die wir durch Einzelverträge mit den Pflege- und Krankenkassen sowie durch Eigenmittel finanzieren. Unser Haus wurde entsprechend umgebaut.

## 5.2 Diagnostik

Anfängliche krankheitsbedingte Störungen sind noch sehr gering ausgeprägt, deshalb können sie im frühen Stadium leicht falsch interpretiert werden. Eine klinische Diagnose ist erst bei mehreren Störungen möglich. Sehr spezifische neurologische und psychiatrische Untersuchungen sind notwendig, da auch andere Krankheiten ähnliche Symptome hervorrufen können (Entzündungen des Gehirns, Hirntumore, Morbus Alzheimer, Morbus Parkinson, Schizophrenie, Depression, manche Hormonstörungen oder Stoffwechselstörungen). Bei nachgewiesener Erkrankung der Eltern oder Geschwister kann die Verdachtsdiagnose anhand der typischen Symptome und des Verlaufes eher gestellt werden. Diese sollte am besten von einem erfahrenen Arzt an einem der Huntington-Zentren durchgeführt werden. Die Diagnose kann auch durch eine molekulargenetische Untersuchung, die das veränderte Gen nachweist, bestätigt werden. Aber selbst bei einem positiven Befund müssen nicht alle Symptome gleich der Huntingtonschen Krankheit zugeschrieben werden. Der Betroffene kann zusätzlich auch andere Krankheiten haben. Diese sollten entsprechend therapiert werden.

Seit 1993 besteht die Möglichkeit zur genetischen Diagnostik der Huntington-Krankheit. Diese Diagnostik kann eingesetzt werden, wenn der klinische Verdacht abgeklärt und damit falscher Therapie vorgebeugt werden soll. Aus der genetischen Information gewinnt man auch eine Einsicht in die Prognose, wobei der Verlauf der Erkrankung große individuelle Unterschiede aufweisen kann. Diese Diagnostik ist eine wichtige Maßnahme und auf jeden Fall empfehlenswert.

Anhand einer Blutprobe kann aber auch ein prädiktiver (d. h. Vorhersage-)Test durchgeführt werden. Dies erscheint uns in der Deutschen Huntington-Hilfe (DHH) aber nicht immer sinnvoll. Zu dieser Problematik hat die Internationale Huntington Gesellschaft (International Huntington Association, IHA) 1994 eine Leitlinie veröffentlicht, die klare Empfehlungen zur Anwendung von diesen Tests formuliert (vgl.: http://www.metatag.de/webs/dhh/downloads/Int._Richtlinien.pdf).

Da das Ergebnis solcher Analysen weder zur Vorbeugung der Krankheit noch zur Verbesserung der Therapie beiträgt, sollte der Test nur dann verwendet werden, wenn Risikopersonen ihren genetischen Status abklären möchten, um aus der Ungewissheit in die Gewissheit zu gelangen. Dies sollte nach einer ausführlichen Beratung und nach freier Entscheidung der betreffenden Person erfolgen. Nach diesen Richtlinien sollen Vorhersagetests von niemand anderem erzwungen werden können. Bis auf pränatale Untersuchungen mit dem Ziel einer selektiven Abtreibung sollten Tests bis zum vollendeten 18. Lebensjahr nicht durchgeführt werden.

## 5.3 Das Leben mit der genetischen Information

Da die Huntingtonsche Krankheit in den meisten Fällen einen erblichen Ursprung hat, ergibt sich bei einzelnen Personen bereits aus der Familiengeschichte ein Erkrankungsrisiko. Wenn ein Elternteil betroffen war, beträgt das Risiko für jedes Kind 50 %, dass es das Chromosom mit dem Huntington-Gen geerbt hat. Dieses Risiko ist natürlich keine eindeutige Prognose. 50 % der Kinder werden die Krankheit nie bekommen. Dennoch ist es eine genetische Information, die oft die Grundlage für einen Verdacht auf eine spätere Erkrankung mit den oben dargestellten möglichen Folgen darstellt. Aus diesem Verdacht entstehen viele Konflikte auf verschiedenen Ebenen des öffentlichen oder privaten Lebens, die ich zum Teil selbst erlebt, zum Teil von anderen Mitgliedern der DHH erfahren habe. Von diesen Konflikten stelle ich hier einige dar.

### 5.3.1 Die Lehrerin

Ein auch in der Presse viel diskutierter Fall war die Ablehnung einer Lehrerin, die sich in Hessen um eine Stelle beworben hatte, auf der sie hätte verbeamtet werden sollen (vgl.: http://www.heute.de/ZDFheute/druckansicht/13/0,6903,7558205, 00.html). In dem Verfahren hatte sie die Frage nach genetischen Erkrankungen in der Familie wahrheitsgemäß so beantwortet, dass sie Risikoperson bezüglich der Huntingtonschen Erkrankung ist. Daraufhin erhielt sie ein Schreiben von der Schulbehörde mit den folgenden inhaltlichen Feststellungen: – Wir halten Sie für fachlich geeignet, – wir halten Sie gesundheitlich für geeignet, – wegen des Huntingtonrisikos wird die Verbeamtung abgelehnt. Diese Verfahrensweise legte der Lehrerin nahe, dass sie, wenn sie sich testen lässt und dabei ein für sie gutes Ergebnis erhält, den Hinderungsgrund für die Verbeamtung beseitigen kann. An dieser Stelle verliert der Huntingtontest seine Freiwilligkeit und der Nachweis der „genetischen Unbedenklichkeit" wird durch Dritte erzwungen. Mit Unterstützung eines Rechtsanwaltes aus dem Kreise der Deutschen Huntington-Hilfe wurde gegen diesen Bescheid geklagt und die Lehrerin musste verbeamtet werden. In der Urteilsbegründung wurde lediglich ausgesagt, dass das 50-prozentige Risiko der Erkrankung nicht ausreicht die Verbeamtung zu versagen. Die Frage nach dem genetischen Status der Familie sei jedoch zulässig. Der Deutschen Huntington-Hilfe reicht die Urteilsbegründung jedoch nicht aus. Wir fordern, dass die Frage nach genetischen Vorerkrankungen in der Familie ebenso für unzulässig erklärt wird wie die Frage eines potenziellen Arbeitgebers nach einer Schwangerschaft der Bewerberin.

Im Kreise der Huntington-Hilfe sind weitere Fälle bekannt, die ähnlich gelagert sind. So wurde unter anderem einem Polizisten der Beamtenstatus mit der Begründung verwehrt, dass der Großvater betroffen ist. Dieser Fall war deswegen besonders kurios, weil der Vater inzwischen Beamter bei der Polizei war. Bei ihm hatte man die Überprüfung des genetischen Status der Familie offensichtlich vergessen. Solche Fälle haben für uns deshalb besondere Bedeutung, weil nicht irgendein beliebiger Arbeitgeber so handelt, sondern der Staat.

Wenn Menschen in der Gesellschaft nach ihrer genetischen Struktur klassifiziert werden, so stellt dies aus unserer Sicht eine ungerechtfertigte genetische Diskriminierung dar, vergleichbar mit rassistischer Diskriminierung. Der Einwand, dass andere Erkrankungen auch als Ausschlusskriterium für bestimmte Tätigkeiten genutzt werden, ist in diesem Zusammenhang nicht zutreffend, weil es sich bei Huntington-Risikopersonen um gesunde Menschen ohne Symptome handelt. Von den betroffenen Risikopersonen wird diese Vorgehensweise als Bedrohung empfunden, die sie zusätzlich zur Bewältigung des Erkrankungsrisikos belastet.

### 5.3.2  Adoption

Der Landesverband Berlin-Brandenburg der Deutschen Huntington-Hilfe hat seinen Sitz in der Genetischen Beratungsstelle der Charité Berlin. Dort ging auf Veranlassung der Adoptionsbehörde Brandenburg eine Blutprobe eines Kindes ein, dessen Mutter von der Huntingtonschen Erkrankung betroffen war und inzwischen verstorben war. Der Behörde war bekannt, dass bei der Huntingtonschen Erkrankung die Möglichkeit eines Gentestes besteht und sie war daher der Ansicht, dass deshalb das zur Adoption stehende Kind getestet werden müsse. Die Mitarbeiterin der genetischen Beratungsstelle, die selbst Mitglied der Deutschen Huntington-Hilfe ist und daher mit den Richtlinien zum Umgang mit dem genetischen Test vertraut ist, erkannte die Brisanz des Vorgangs, wandte sich an ihre medizinische Leitung und vereinbarte ein gemeinsames Vorgehen mit der Deutschen Huntington-Hilfe. Die Nachfragen bei den zuständigen Stellen in Brandenburg (Adoptionsstelle und Krankenhaus) ergaben, dass die Ursache für das eingeleitete Vorgehen die Unkenntnis der Richtlinien zum Umgang mit dem Gentest war.

Nach dem Gespräch über die Konsequenzen, die sich für das Kind aus der Durchführung des Gentests ergeben könnten, entstand bei den zuständigen Mitarbeitern tiefe Betroffenheit. Sie haben sich keine Gedanken gemacht, wie sich ein positiver Befund möglicherweise auf das Leben dieses Kindes auswirken könnte und wie sich der Umgang mit ihm ändern würde, wenn alle in der Umgebung des Kindes wüssten, dass es erkranken wird. Die genetische Information hätte möglicherweise einen gravierenden Einfluss auf die Einstellung der Pflegeeltern, wenn es mit diesem Befund überhaupt als Pflegekind angenommen worden wäre. Ihm wäre außerdem die Freiheit des Nichtwissens genommen worden: Es hätte mit diesem Schicksalsbild groß werden müssen. Das Kind hätte dadurch ein verändertes Selbstbild entwickelt, seine Lebensplanung, seine Schulung etc. hätten ebenfalls darunter leiden können. Die Richtlinien der DHH formulieren deshalb so eindeutig, dass prädiktive Tests vor dem 18. Lebensjahr nicht durchgeführt werden sollen. Nach diesem Gespräch wurde die Bereitschaft zum Ausdruck gebracht, sich mehr mit den Richtlinien des Gentests und den sozialen Zusammenhängen im Umfeld genetischer Erkrankungen auseinander zu setzen.

Der Fall zeigt, wie wichtig es wäre, sich über die Komplexität der Folgen eines genetischen Tests bei der Huntington-Krankheit zu informieren und nicht bloß das technisch Mögliche in Anspruch zu nehmen. Dazu stehen Mitglieder der DHH zur Verfügung, auch auf der Webseite der Selbsthilfeorganisation sind ausführliche Informationen für den Umgang mit diesen Problemen zugänglich (vgl.: http://www.huntington-hilfe.de/). Offensichtlich werden diese Informationen oft auch von Entscheidungsträgern nicht wahrgenommen.

### 5.3.3 Bring mir den Persilschein

Im engen Umfeld bestand eine Partnerschaft. Die Freundin einer Huntington-Risikoperson lebte seit ein bis eineinhalb Jahren mit ihm im gemeinsamen Wohnumfeld. Nachdem ihre Eltern die an Chorea Huntington erkrankte Mutter des Freundes kennen gelernt hatten und die Schwere des Krankheitsbildes realisiert hatten, nahmen sie offensichtlich Einfluss auf ihre Tochter. Obwohl es ihr sichtbar schwer fiel, stellte sie die Forderung, dass ihr Freund sich testen lassen sollte – oder sie würde die Partnerschaft beenden. Die Gegenfrage, wie sie denn mit einer Erkrankung umgehen würde, die jetzt noch nicht testbar ist, beantwortete sie nicht. Unausgesprochen war klar, dass sie ihren Freund verlassen würde, wenn bei dem Test die Genträgerschaft diagnostiziert werden würde. Nachdem der Freund den Gentest abgelehnt hat, hat sie ihn verlassen.

Ein unauffälliger genetischer Befund hätte die Partnerschaft wohl gerettet. Das bedeutet genetische Information für die Betroffenen. Obwohl nur die Hälfte der Risikopersonen erkranken, was eine hohe Wahrscheinlichkeit für ein gesundes Leben ist, und die Nicht-Risiko-Personen auch nicht garantieren können, dass sie gesund alt werden, werden genetische Informationen tendenziell häufiger als Kriterium für Lebensentscheidungen genutzt als andere Risiken, die vielleicht weniger spektakulär oder weniger konkret sind. Der Risikostatus wird somit nicht nur bei öffentlichen Problemen missbraucht sondern auch auf der intimsten persönlichen Ebene.

### 5.3.4 Pränataler Test

In Berlin haben wir den Fall einer Familie, die wir schon lange kennen, miterlebt. Die Mutter kam mit ihrem Ehemann, den sie pflegte, zu unserem Gartenfest. Sie schob ihn im Rollstuhl und er wurde über Magensonde ernährt. Ihre drei Töchter lernten wir ebenfalls kennen. Die beiden älteren Töchter ließen sich testen, bei beiden mit dem Ergebnis, dass sie Genträger sind. Der Vater ist inzwischen verstorben. Mit den Konsequenzen des Tests kamen die Töchter nur sehr schwer zurecht. Wir erfuhren von mehreren Suizidversuchen. Bei einem der nachfolgenden Klinikaufenthalte lernte die ältere Tochter einen jungen Mann mit anderen gesundheitlichen Problemen kennen und wurde von ihm schwanger. Sie ließ einen vorgeburtlichen Test des werdenden Kindes durchführen. Für die Durchführung solcher Tests haben wir klare Richtlinien. Erstens muss man bei einem Test davon ausgehen, dass er auch über den Trägerstatus der Eltern Aussagen machen kann. Dies war im Fall der jungen Frau bereits geklärt, aber solange nur der Großvater betroffen war und die junge Mutter ihren Trägerstatus nicht kannte, hätte der Test auch über sie Informationen geliefert. Aber auch darüber hinaus sind wir mit pränatalen Tests vorsichtig. Tests sollten grundsätzlich nicht durchgeführt werden, es sei denn, die Eltern haben sich entschlossen, bei auffälligem Befund das Kind nicht zur Welt zu bringen. Wenn sie das Kind auch mit der Krankheit annehmen, sollen sie den Test gar nicht machen lassen.

Diesmal hat der Test gezeigt, dass das Kind schwer betroffen sein wird. Daraufhin entschloss sich die Mutter zu einem Schwangerschaftsabbruch. Aus Gewissensgründen hat sie sich zum Termin des Abbruchs doch dazu entschieden, das Kind auszutragen. Hier wird ein Dilemma deutlich: Einerseits wird in diesem Fall das Recht des werdenden Kindes auf Nichtwissen verletzt, was man gerade durch die strengen Richtlinien vermeiden wollte. Das klingt zunächst abstrakt, aber das Kind wird sein ganzes Leben unter dieser Perspektive sehen müssen. Auf der anderen Seite kann man natürlich nicht an eine Schwangere die Forderung stellen, einen Schwangerschaftsabbruch vorzunehmen, weil der vorgeburtliche Test erfolgt ist. Man hätte sich mit diesem Problem in der Beratung vor dem Test wohl noch intensiver auseinandersetzen sollen. Uns bleibt es nur im Rahmen der Selbsthilfe auf dieses Problem hinzuweisen und daran zu appellieren, dass die Entscheidung für oder gegen einen vorgeburtlichen Test mit dem Nachdenken über die Konsequenz verbunden werden sollte, die man daraus ziehen will.

Bei einem späteren Gartenfest durften wir die junge Mutter in ihrem Glück mit ihrem Kind erleben. Es war spürbar, wie absurd eine eventuelle Forderung nach einem Schwangerschaftsabbruch von außen wäre. Inzwischen ist die junge Mutter hochgradig pflegebedürftig und die Großmutter zieht die Enkeltochter und deren Bruder groß. Die zweite betroffene Tochter ist nun auch pflegebedürftig. Die dritte Tochter hat sich nicht testen lassen.

### 5.3.5   Probleme bei der Kostenübernahme

Uns ist ein Fall bekannt geworden, bei dem sich ein junger Mann in psychiatrische Betreuung begeben hat, um sich auf einen Gentest vorzubereiten. Das ist durchaus ein sinnvoller Weg zum Test, zumal bei ihm erschwerend der Suizid seiner Mutter vor dem Hintergrund ihrer Huntingtonschen Erkrankung hinzukam. Dann wurde der Test durchgeführt und er ließ sich das Ergebnis geben. Der Befund war unauffällig. Nachdem sich beim Gentest herausgestellt hat, dass er nicht betroffen ist, lehnte die Bundesknappschaft die Kostenübernahme für die psychiatrische Betreuung ab, weil die Betreuung durch das Fehlen der Erkrankung als nicht indiziert eingestuft wurde. Nach unserer Kenntnis wurde diese Entscheidung auch nach einer Überprüfung durch das Sozialgericht nicht revidiert.

Ob Risikopersonen sich testen lassen oder nicht, ist immer eine sehr komplexe und schwere persönliche Entscheidung. Wenn man die Denkanstöße der ehemaligen Präsidentin der International Huntington Association, Christiane Lohkamp, bedenkt, stellen sich vor dem Test etliche Fragen, die eine psychiatrische Unterstützung durchaus sinnvoll machen können (vgl. Lohkamp 1997). Selbst nach der Mitteilung eines für die Betroffenen guten Ergebnisses ist es zu psychischen Zusammenbrüchen gekommen: Sie fühlten sich schuldig, dass sie davonkommen und andere nicht. Warum bin ich nicht betroffen während andere in meiner Familie dieses Schicksal haben? Muss ich jetzt die Betreuerrolle für andere übernehmen? Das bisherige Leben war auf das Erkrankungsrisiko ausgerichtet, nun stellt sich dieser Entwurf als nicht richtig heraus, d. h. man gehört nicht mehr dazu. Diese genetische Information, die als Testergebnis vorliegt, verändert nicht nur das Selbstbild der Risikopersonen, sondern auch ihre Lebensperspektive, ihre Beziehungen, ihre Berufsvorstellungen, ihren Kinderwunsch und vieles mehr. Deshalb ist auch eine gute Nachricht manchmal schwer zu verkraften; sie ist nicht einfach der Eintritt in die „normale Welt".

### 5.3.6 Umgang mit dem Familienstatus in der Öffentlichkeit

Neben den vielen positiven Erfahrungen mit einem offenen Umgang mit der Erkrankung in der Öffentlichkeit (Akzeptanz der Situation in der Nachbarschaft, Hilfsbereitschaft und Verständnis in bestimmten Situationen) gibt es immer noch Schwierigkeiten. Die Umgangsweise mit der Diagnose „erblicher Veitstanz" im „Dritten Reich" wirkt in vielen Familien heute noch nach. Man hatte verinnerlicht, dass man über derartige Diagnosen nicht spricht. Auch die ärztliche Mitteilung solcher Befunde war mit Unklarheiten verbunden. Um ihre Patienten vor den gravierenden Folgen der Diagnose zu schützen, haben manche Ärzte bewusst Fehldiagnosen ausgesprochen. In der Folge galt es als schwerer Makel eine solche Erkrankung in der Familie zu haben.

Diese Zusammenhänge geben insbesondere für Risikopersonen gute Gründe, ihren Status geheim zu halten. Sie befürchten zu Recht Nachteile bei der Arbeitsplatzsuche und auch beim Umgang mit Versicherungen.

Uns bekannte genetische Beratungsstellen fordern regelmäßig dazu auf, Versicherungsangelegenheiten möglichst zu regeln bevor eine genetische Beratung überhaupt stattfindet. Risikopersonen übernehmen gelegentlich die Kosten des genetischen Tests selbst, um zu verhindern, dass der Vorgang aktenkundig wird. Wir kennen eine Reihe von Fällen, wo Versicherte im Versicherungsfall mit dem Vorwurf konfrontiert wurden, sie hätten schon bei Abschluss der Versicherung von ihrer Erkrankung gewusst. Diese Personen befinden sich dann in einer Situation, in der sie regelmäßig nicht mehr in der Lage sind, sich in solchen Auseinandersetzungen wirklich zur Wehr zu setzen. Auch wenn sie diese Auseinandersetzungen gewinnen, nützt ihnen die Leistung nichts mehr, weil damit so viel Zeit vergeht, dass der Zweck der Versicherung nicht mehr erreicht wird.

### 5.3.7 Der geschlossene Briefumschlag

Wir fragen regelmäßig unseren wissenschaftlichen Beirat, aber die Antwort hat sich nicht verändert: Noch gibt es keinen medizinischen Grund, den genetischen Test auf das Huntington-Gen zu machen. Es gibt zurzeit keine wirksame medizinische Maßnahme, die von diesem Testergebnis abhängt. Deshalb ist der Test nie dringend: Man sollte sich Zeit nehmen für die Entscheidung. Und deshalb kann der Grund für einen prädiktiven Test nur ein persönlicher sein. Vor einer Testdurchführung sollten Risikopersonen zu der Überzeugung gelangen, dass sie auch mit dem eindeutigen Wissen um einen Trägerstatus besser zurechtkommen würden als mit der aktuellen Ungewissheit.

Aus den umfangreichen Berichten von Betroffenen wissen wir, welche enorme Belastung das Huntington-Risiko darstellt. Aber auch da kann sich die Situation mit der Zeit verändern. Die einmal erhaltene Information kann hingegen nicht wieder zurückgenommen werden. Um den Ratsuchenden die Möglichkeit offenzuhalten, selbst am Tag der Ergebnismitteilung zu sagen: „Nein, ich möchte es heute doch noch nicht wissen." lassen sich uns bekannte Berater das Ergebnis in einem verschlossenen Briefumschlag geben und kennen das Ergebnis selbst nicht. So können sie sich auch nonverbal nicht verraten. Der Briefumschlag wird erst geöffnet, wenn der Betroffene nach ausreichender Vorbereitung entscheidet: „Ich möchte es jetzt wissen."

## 5.4 Schluss

Zum Schluss kann ich nur betonen, wie wichtig die Rolle unserer Selbsthilfeorganisation in der sachgerechten Betreuung von Risikopersonen und Patienten in vielen Situationen des Lebens ist. Aus der Erfahrung mit vielen Problemen haben wir Vorschläge zum Umgang mit der genetischen Diagnostik formuliert, die jeder bedenken sollte. Es wäre wichtig, dass alle, die mit der Huntingtonschen Erkrankung zu tun haben, die Probleme der Patienten und der Risikopersonen aus verschiedenen Perspektiven kennen lernen und nicht nach momentaner persönlicher Einsicht handeln. Oft reicht diese momentane Einsicht für die Komplexität des Problems nicht aus.

## Literaturverzeichnis

Deutsche Huntington Hilfe e. V.: http://www.huntington-hilfe.de/ (gesehen am 10.05.2009).

Deutsche Huntington Hilfe e. V. (1994): Richtlinien für die Anwendung der prä-symptomatischen molekulargenetischen Diagnostik bei Risikopersonen für die Huntington-Krankheit, http://www.metatag.de/webs/dhh/downloads/Int._Richtlinien.pdf (gesehen am 10.05.2009).

Lohkamp C. (1997): Denkanstöße. Informationen für Risikopersonen der Huntington-Krankheit zur prädiktiven molekulargenetischen Diagnostik, http://www.metatag.de/webs/dhh/downloads/Denkanstoesse.pdf (gesehen am 10.05.2009).

Srowig M. (2009): Was dürfen mir meine Gene sagen?, http://www.heute.de/ZDFheute/druckansicht/13/0,6903,7558205,00.html (gesehen am 10.05.2009).

## Danksagung

Ich danke Herrn Dr. László Kovács für die Hilfe bei der Erstellung dieses Beitrags.

# 6 Das Janusgesicht pränataler und genetischer Diagnostik – Ausgewählte Ergebnisse und klinische Beobachtungen einer interdisziplinären europaweiten Studie[1]

*Marianne Leuzinger-Bohleber, Tamara Fischmann,
Nicole Pfenning, Katrin Luise Läzer*

## 6.1 Vorbemerkungen

Die enormen Fortschritte der biomedizinischen Technik im Bereich der Pränataldiagnostik in den letzten Jahrzehnten konfrontieren uns mit neuen ungeahnten Möglichkeiten, aber auch mit neuen Verantwortlichkeiten und Gefahren. Sind wir in neuer Weise mit Faust'schen Verführungen konfrontiert? Werden wir zu Göttern, die – omnipotent – über Leben und Tod entscheiden können, wie dies manche Kritiker der modernen Biotechnologie formulieren? So sind manche Eltern vor die Entscheidung gestellt, ob sie ein eigenes, vielleicht behindertes Kind zur Welt bringen wollen oder nicht – eine Entscheidung, die von vielen Betroffenen nicht nur als Überforderung, sondern sogar als eine traumatisierende Situation erlebt wird.

Die detaillierte Untersuchung der vielfältigen Dilemmata, die die pränatale und genetische Diagnostik mit sich bringt, war Gegenstand einer europaweiten interdisziplinären Studie *Ethical Dilemmas due to Prenatal and Genetic Diagnostics* (*EDIG*), die 2005–2008 in Deutschland, England, Griechenland, Israel, Italien und Schweden durchgeführt wurde. Wir haben in einer englischen Buchpublikation ausführlich von dieser vielschichtigen und komplexen Untersuchung berichtet (Leuzinger-Bohleber/Engels/Tsiantis 2008). In diesem Rahmen möchten wir einige ihrer wichtigsten empirischen Ergebnisse und klinischen Beobachtungen kurz zusammenfassen und zur Diskussion stellen. Wir haben es als große Chance erlebt, dass wir in Zusammenarbeit mit Experten im Bereich der Bioethik und Medizin dieses gesellschaftlich immer noch tabuisierte Thema aufgreifen, empirisch und klinisch untersuchen und gemeinsam kritisch diskutieren konnten.

Das Ausleuchten der unbewussten Dimensionen, die in dieser existentiellen Lebenssituation unweigerlich mobilisiert werden, fällt in den Bereich genuin psychoanalytischer Professionalität. Frauen und Männern in oder nach ihrer Entscheidungssituation zu einem inneren Raum zu verhelfen, in dem sie sich mit den aktualisierten unbewussten Phantasien und Konflikten auseinandersetzen können, um nicht – unerkannt – von ihnen überflutet und nachhaltig psychisch beeinträchtigt zu werden,

---

[1] In einer anderen Version wurde die EDIG Studie für die Zeitschrift PSYCHE zusammengefasst, vgl. Leuzinger-Bohleber et al. 2009.

ist eine typische Aufgabe für unsere psychoanalytische Berufsgruppe. Gleichzeitig sind wir aber bei einer möglichst umfassenden Analyse der Komplexität im Umgang mit pränataler und genetischer Diagnostik auf den interdisziplinären Dialog mit medizinischen und ethischen Experten angewiesen: Psychoanalytiker sind weder Experten in Moral und Ethik noch im praktischen Umgang mit den neuen medizinischen Techniken. Nur die Konvergenz des Expertenwissens aus den verschiedenen Disziplinen erhöht die Chance einer adäquaten Analyse der Ambivalenzen des medizinischen Fortschritts in diesem Gebiet sowie eines differenzierten Umgangs damit im persönlichen, institutionellen und gesellschaftlichen Bereich.

Leider können wir in diesem Rahmen keinen Einblick in den stattgefundenen interdisziplinären Austausch bieten, sondern müssen dafür auf die eben erwähnte Buchpublikation verweisen. Wir beschränken uns im Folgenden auf eine grobe Übersicht über die Studie (Kap. 6.2.2), die Darstellung einiger der zentralsten empirischen Ergebnisse (Kap. 6.3), zwei relativ ausführliche, exemplarische klinische Beispiele (Kap. 6.2.1 und Kap. 6.4.1) und einige zusammenfassende psychoanalytische Überlegungen zu weiteren klinischen Beobachtungen (Kap. 6.4.2) sowie ein abschließendes Plädoyer für einen verstehenden, professionellen Umgang mit Paaren während und nach Pränataldiagnostik (Kap. 6.5).

## 6.2 Überblick über die Studie: *Ethical Dilemmas Due to Prenatal and Genetic Diagnostics*

### 6.2.1 Worum geht es in der Studie? Ein klinisches Beispiel

Wir können am besten illustrieren, worum es beim Umgang mit den Dilemmata pränataler Diagnostik wirklich geht, wenn wir ausschnittweise aus einem der Interviews berichten, die wir durchgeführt und in unserem Buch ausführlich dokumentiert haben (vgl. Leuzinger-Bohleber et al. 2008a):

*Interview: „Das Kind ohne Gesicht ... "*

Dieses Interview mag illustrieren, dass heute Paare unerwartet mit der Situation konfrontiert werden können, über die Fortsetzung einer Schwangerschaft entscheiden zu müssen, auch wenn sie sich nicht der pränatalen Diagnostik unterziehen wollten.

Frau C. hatte ihre Schwangerschaft in der 27. Woche, gut einem Monat vor unserem Gespräch, unterbrochen. Obschon sie fast vierzig Jahre alt und ihr Mann sogar noch etwas älter war, hatten sie sich gegen eine Amniozentese entschlossen, weil sie sich sehr bewusst waren, in welche Dilemmata sie ein positiver Befund bringen würde. Zudem wollten sie das Risiko eines Spontanaborts nicht eingehen. Als Naturwissenschaftler wussten beide sehr genau, dass eine Wahrscheinlichkeit von 0,5 % bedeutet, dass die Fruchtwasseruntersuchung in einer von 200 Schwangerschaften einen Spontanabort auslöst. Sie wussten beide, dass – bedingt durch ihr fortgeschrittenes Alter – die Wahrscheinlichkeit erhöht ist, ein behindertes Kind zu bekommen. Dennoch waren sie überzeugt, dass „alles ok" ist, weil sich Frau C. in den ersten Schwangerschaftswochen sehr gut fühlte. Doch erlebten sie – völlig unerwartet – einen Schock. Während einer Routine-Ultraschalluntersuchung stellte der Arzt fest, dass etwas nicht in Ordnung sei: „Der Fötus hat kein Gesicht . . . ", sagte der Arzt. Er schickte sie zu einem Spezialultraschall. Beide fanden es furchtbar, dass der Arzt ihnen das Kind auf einem riesigen Bildschirm zeigte: „Hier sehen Sie die Ohren – und hier sollte das Gesicht sein, aber da ist nichts. . . " Durch die Vergrößerung auf dem Schirm sah dies „entsetzlich" aus, sagten beide.

Dies alles geschah an einem Donnerstag. Am Mittwoch zuvor hatten sie erstmals erfahren, dass etwas nicht in Ordnung war. Am folgenden Samstag wurde die Schwangerschaft unterbrochen. Daher musste Frau C. sogleich mit der Einnahme von Medikamenten beginnen, die die Unterbrechung möglich machten: Es blieb kaum Zeit für ein kritisches Nachdenken. Am Donnerstag las sie ein Buch einer Leidensgefährtin: „Ein erwartetes Baby und sein plötzliches Ende. . . ". Der Bericht war sehr hilfreich für sie. Dennoch sei das Ganze „ein Trauma für sie gewesen", sagt Frau C. Beide hatten sich so sehr über die Schwangerschaft gefreut. „Es wäre für uns erträglicher gewesen, wenn uns der Arzt die Missbildung auf einem normalen Bildschirm gezeigt hätte und wenn es zu einem Spontanabort gekommen wäre. Doch dann wäre das Kind vielleicht zu groß gewesen und hätte das Leben meiner Frau möglicherweise gefährdet. . . " sagt Herr C. „In dieser Hinsicht müssen wir der Technik wohl dankbar sein. . . . "

Bezogen auf den Geburtsverlauf selbst habe Frau C., wie sie sagt, Glück gehabt. Die Geburt hatte nur 5 Stunden gedauert, weil das Kind relativ klein war. Die Schmerzen waren dank der Mittel erträglich. „Man hatte mir gesagt, die Geburt könnte 36 Stunden dauern, dies war eine Horrorvorstellung . . . " Frau C. wollte das Kind nicht sehen. Herr C. übernahm dies. „Ich weiß nicht, ob dies gut für mich war. Ich habe ständig die Bilder vor Augen . . . "

Das Schlimmste kam für Frau C., als sie nach Hause kam. Herr C. wollte sie auf eine Reise mitnehmen, um sie abzulenken, was sich als völlig illusorisch herausstellte. Emotional und physisch wäre Frau C. nicht fähig gewesen zu reisen. „Ich realisierte erst, als ich sah, wie schlecht es meiner Frau ging, was dies alles für sie bedeutete. Man sollte auch die Männer auf die Situation vorbereiten und sie eine Woche von der Arbeit frei stellen. Dies würde dokumentieren, dass diese Erfahrung nicht einfach eine etwas stärkere Monatsblutung bedeutet . . . Wir hatten beide unterschätzt, welche Belastung der Eingriff mit sich bringt. Meiner Frau ging es sehr schlecht . . . "

Für die Verarbeitung erwies es sich als sehr hilfreich, dass Frau C. eine Psychotherapie bekam, vor allem auch, weil sie kurz vorher ihren Bruder nach einer schweren Erkrankung verloren hatte. „Die Therapie half mir, dass sich die beiden Verluste nicht zu sehr miteinander verknüpfen . . . Ich konnte auch Raum finden, um meine Verletzung darüber auszudrücken, dass meine Eltern nur mit der Trauer um ihren Sohn beschäftigt waren und kein Gespür dafür hatten, dass auch ich einen traumatischen Verlust zu verarbeiten habe . . . "

Herr C. geht während des Interviews sehr einfühlsam mit seiner Frau um und versucht sie zu trösten, dass sie bald wieder schwanger werden könne. Beide haben aber Angst, ein weiteres Kind könnte ebenfalls behindert sein. Sie warten noch auf die Ergebnisse der pathologischen Untersuchungen. Es lägen keinerlei genetische Belastungen in ihren Familien vor – beide rauchen nicht und konsumieren kaum Alkohol. Dennoch fragen sich beide, ob sie Schuld an der Behinderung des Kindes tragen. „Wir haben Schuldgefühle, obschon es sich wahrscheinlich um eine Spontanmutation handelte . . . " Frau C. ist nun endlich wieder in der Lage, ein „bisschen zu arbeiten", wie sie sagt.

Schließlich fragt mich (die Interviewerin) das Paar, ob es wohl gut sei, bei einer nächsten Schwangerschaft wieder in die gleiche Klinik zu gehen: „Die kennen uns dort – aber alles wird uns an diese schlimmen Erfahrungen erinnern . . . " Ich rate ihnen, dies mit ihrer Therapeutin zu besprechen.

Im Rahmen unserer Studie gehörte es zum methodischen Vorgehen, dass wir das Interview ausführlich in einer psychoanalytischen Expertengruppe besprachen und kritisch reflektierten, worauf wir aber hier nicht eingehen können. Wir formulierten als Kurzzusammenfassung dieses Interviews: Durch die Möglichkeiten der pränatalen Diagnostik kann jedes Paar unerwarteterweise mit einem problematischen Schwangerschaftsbefund und mit der Situation konfrontiert werden, über Leben und Tod des ungeborenen Kindes entscheiden zu müssen. Der plötzliche Verlust der Freude über die Schwangerschaft und auf das Kind, zu dem schon eine Bindung aufgenommen wurde, hat oft eine traumatisierende Qualität. Eine späte Unterbrechung einer Schwangerschaft ist alles andere als eine „starke Menstruation". Paare in einer solchen Situation brauchen die Unterstützung durch ihre Familie, Freunde, Therapeuten und/oder die Hilfe des betreuenden medizinischen Personals, eine Haltefunktion, die die kurz- und langzeitige Verarbeitung der extrem belastenden Erfahrungen erleichtern kann.

Die skizzierten Erfahrungen von Herrn und Frau C. sind sehr individuell und kaum mit jenen eines anderen Paares zu vergleichen. So sind wir in unserer Studie einem breiten Spektrum von Erlebnisweisen im Zusammenhang mit der pränatalen Diagnostik begegnet. Einige zusammenfassende Formulierungen von Frauen nach der pränatalen Diagnostik sollen kurz angeführt werden, um dies zu illustrieren:

*„Ohne die Möglichkeiten einer pränatalen Diagnostik hätte ich nie gewagt, schwanger zu werden . . . "* (Frau W.)

*„Es war solch' ein Alptraum – ich war erst 32 Jahre alt. Mein Mann und ich haben nie an die Möglichkeit gedacht, dass irgendetwas mit unserem Baby nicht in Ordnung sein könnte . . . Nachdem wir erfahren hatten, dass unser Kind krank ist, wollten wir es dennoch haben . . . Doch als uns der Arzt sagte, es werde nie in der Lage sein, uns zu erkennen, schien uns dies doch zu hart für uns . . . (Frau B. weint . . . ). Wir dachten, wir würden die Belastungen nicht ertragen können, vor allem über Jahrzehnte . . . Und da entschieden wir uns für einen Abbruch – es war so eine fürchterliche Entscheidung. . . "* (Frau B.)

*„Die pränatale Diagnostik ist eine wunderbare Möglichkeit, die Schwangerschaft voll genießen zu können, ohne die Angst, ein behindertes Kind zu bekommen . . . "* (Herr Y.)

*„Ich wusste nicht, dass ich das Kind töten müsste – das Leben wäre nie wieder so wie vorher gewesen . . . "* (Frau X.)

*„Die Zeit heilt alle Wunden . . . Wir sind sicher, dass wir die richtige Entscheidung getroffen haben . . . "* (Herr und Frau D.)

### 6.2.2 Zusammenfassung der Studie

Diese kurzen klinischen Beispiele geben einen kleinen Einblick in die individuellen Erfahrungen mit den Errungenschaften medizinischen Fortschritts. Diese Errungenschaften der genetischen Forschung führen zu ethischen und moralischen Dilemmata, die zum Gegenstand persönlicher, institutioneller und gesellschaftlicher Reflexionen und Debatten werden sollten. Ein moralisches Dilemma kann dadurch charakterisiert werden, dass in einer Situation zwei differente moralische Möglichkeiten existieren, zwischen denen eindeutig zu entscheiden ist, weil nicht beide gleichzeitig erfüllt werden können. Werden diese Dilemmata verleugnet, hat dies weitreichende Folgen sowohl für die Betroffenen als auch für die Gesellschaft. Die europaweite Studie: *Ethical Dilemmas due to Prenatal and Genetic Diagnostics* (016716-EDIG) untersuchte diese Dilemmata in einem Gebiet, das sich in besonders sensibler Weise dazu anbietet: die pränatale und genetische Diagnostik (PND). Die Existenz der pränatalen Diagnostik konfrontiert schwangere Frauen und ihre Partner mit einer Reihe von moralischen Dilemmata. Sollen sie diese Technik nutzen, obschon sie sie in die Situation bringen kann, über die Fortsetzung der Schwangerschaft entscheiden zu müssen? Im Falle eines problematischen pränatalen Befundes müssen die Paare zwischen Leben und Tod ihres werdenden Kindes wählen, Verantwortung für das ungeborene Kind übernehmen, sein zukünftiges Leben mit einer (schweren) Behinderung, die Bedeutung für die Geschwister in Betracht ziehen etc. Diese Entscheidungssituationen übersteigen die individuelle Verantwortung, da sie auch kulturelle und religiöse Dimensionen berühren. Wie werden behinderte Kinder in einer bestimmten Gesellschaft aufgenommen? Wie viel Unterstützung und Hilfe erhalten die Eltern bei ihrer Erziehung? Wie ist die Akzeptanz einer Schwangerschaftsunterbrechung nach einem problematischen Befund in einer bestimmten Kultur, einer bestimmten Religion etc.? Wie gehen Frauen und Paare mit einem möglichen Schwangerschaftsabbruch um? Welches sind die protektiven, welches die Risikofaktoren in dieser Situation?

In EDIG wurden die unterschiedlichen institutionellen und gesellschaftlichen Bedingungen und Umgangsweisen mit pränataler Diagnostik in Deutschland, England, Griechenland, Italien, Israel und Schweden untersucht. Die Studie bestand aus zwei Substudien: In einer prospektiven Studie A wurden 1900 Individuen mit Fragebogen und fast 100 Interviews während und nach der pränatalen Diagnostik in den beteiligten Ländern untersucht. In der Studie B wurden Psychoanalytiker und ehemalige Patienten, die sich im Umfeld ihrer psychotherapeutischen Behandlungen einer pränatalen Diagnostik unterzogen hatten, ebenfalls durch Interviews und Fragebögen untersucht. Die Ergebnisse beider Substudien wurden in interdisziplinären Expertengruppen bezüglich ethischer Dilemmata diskutiert und gemeinsam veröffentlicht (vgl. Leuzinger-Bohleber/Engels/Tsiantis 2008).

## 6.3 Empirische Ergebnisse (Substudie A)[2]

Wir können hier nur einen kleinen Ausschnitt der vielen empirischen Ergebnisse zusammenfassen, die Gegenstand umfangreicher Publikationen waren (vgl. Fischmann et al. 2008) bzw. sein werden (Läzer 2007; Fischmann/Hildt in Vorber.; Pfenning in Vorber.).

Die im Folgenden dargestellten Ergebnisse wurden durch Fragebögen erhoben. Wir möchten uns hier auf die Belastungen, die in Folge eines auffälligen

---

[2] Tamara Fischmann.

Pränataldiagnostik-Befundes erlebt werden, konzentrieren. Belastungen wurden mittels eines Fragebogens zur Messung von Depressivität und Ängstlichkeit im Rahmen ambulanter Behandlungen, der ‚Hospital Anxiety and Depression Scale' (HADS, Zigmond/Snaith 1983) zu vier verschiedenen Messzeitpunkten erfasst.[3] Ferner kam ein standardisierter Fragebogen zur Erfassung traumatischen Erlebens, die ‚Impact of Event Scale' (IES-R, Weiss/Marmar 1997), zum Einsatz. Erwähnenswert ist an dieser Stelle, auf welche Gruppen von Frauen sich die folgenden Ergebnisse beziehen: Es wurden zwei Gruppen untersucht und verglichen: Solche mit auffälligem und solche mit unauffälligem Befund nach einer Fruchtwasseruntersuchung (Amniozentese). Innerhalb der Gruppe mit auffälligem Testergebnis wurde nochmals unterschieden zwischen Paaren, die sich für oder gegen einen Schwangerschaftsabbruch entschieden. Im Folgenden konzentrieren wir uns auf die letztgenannten Gruppen, also Frauen, die sich infolge eines auffälligen Befundes für das Austragen des Kindes entschieden, und solche, die sich dagegen entschieden.

Die Mitteilung eines auffälligen Befundes kann traumatische Qualität annehmen, nicht zuletzt weil die werdende Mutter sich plötzlich und meist völlig unerwartet von dem Gedanken verabschieden muss, ein gesundes Baby zur Welt zu bringen. Sie muss auch Entscheidungen darüber treffen, wie sie mit ihrer Schwangerschaft fortfahren möchte. Will sie das Kind austragen und später mit einem – zu einem gewissen Maße – behinderten Kind leben? Oder will sie die Schwangerschaft beenden? Diese Situation konfrontiert die Frau mit Fragen von Leben und Tod, *über die sie zu entscheiden hat*. Allmachtsphantasien, die hier entstehen können, sind ängstigend und bedrohlich. Wie schuldhaft eine solche Entscheidung verarbeitet wird, wie Frauen damit umgehen können, hängt von der Persönlichkeitsstruktur, der individuellen Lebensgeschichte und der psychischen Verfassung ab, auf die eine solche Entscheidung trifft.

Die ‚Impact of Event Scale' misst die Verarbeitung eines traumatischen Ereignisses – hier, ob der auffällige Befund vermehrt zu intrusiven Gedanken (Intrusionsskala), zu Vermeidungsverhalten (Vermeidungsskala) und zu Übererregbarkeit führt. Die ‚Impact of Event Scale' wurde direkt im Anschluss an die Befundmitteilung erhoben. Frauen, die über einen problematischen Befund informiert wurden, hatten hohe Werte auf der Subskala Intrusion, d. h. unerwünschte Gedanken, Bilder, Gefühle drängten sich ihnen vermehrt auf und sie hatten häufig Alpträume. Erwähnenswert ist, dass Frauen, die entschieden hatten die Schwangerschaft abzubrechen, signifikant höhere Intrusionswerte aufwiesen als Frauen, die das Kind austrugen ($N_{term}$ = 39, $M_{term}$ = 18; $N_{contin}$ = 12, $M_{contin}$ = 12, p = .008). Auch zeigte sich, dass die Studienteilnehmerinnen verstärkt versuchten, Erinnerungen oder Hinweise

---

[3] Die Messzeitpunkte waren folgende: Zunächst erhielten Frauen, die einen Termin für die Pränataldiagnostik vereinbarten, einen Screeningfragebogen und einen Fragebogen, der die Erfahrungen mit der Pränataldiagnostik in der Wartephase auf das Ergebnis festhielt (Messzeitpunkt 1: Wartephase). Unmittelbar nach Befundmitteilung erhielten die Frauen und ihre Partner einen weiteren Fragebogen, der im Falle eines auffälligen Befundes die Entscheidungssituation thematisierte (Messzeitpunkt 2: Entscheidungsphase). In der dritten Untersuchungsphase wurde die Verarbeitung der Entscheidung nach einer Pränataldiagnostik festgehalten (Messzeitpunkt 3: Verarbeitungsphase). In der letzen Untersuchungsphase (Katamnese) – 3 Monate nach dem theoretisch errechneten Geburtstermin – erhielten die Teilnehmerinnen und ihre Partner den letzten Fragebogen (Messzeitpunkt 4: Katamnese).

auf das traumatische Erlebnis zu vermeiden und Affekte nicht zuzulassen (Vermeidungsskala).

Welche Auswirkungen ein solch traumatisch erlebtes Ereignis auf die Psyche hat, hängt – neben den oben erwähnten persönlichkeitsspezifischen und lebensgeschichtlichen Faktoren – auch von anderen Aspekten ab: So ist von Bedeutung, ob und inwieweit sich die Frau auf einen Trauerprozess einlassen kann. Daneben spielt das Erleben, eine ‚richtige Entscheidung‘ getroffen zu haben, eine wesentliche Rolle. Das Gefühl ‚gut versorgt und umsorgt‘ zu sein, stellte sich in der quantitativen Auswertung als weiteres wichtiges Kriterium heraus: So zeigte sich bei den 51 Frauen, die mit einem auffälligen Pränataldiagnostik-Befund konfrontiert wurden, dass das Ausmaß an erlebter Depressivität und Ängstlichkeit mit der Zufriedenheit mit der eigenen Entscheidung und dem Grad der Informiertheit eng verbunden ist. Je zufriedener die Frauen mit der Entscheidung und Aufklärung im Vorfeld waren (z. B. aussagten, über die Nachteile und Risiken jeder der Entscheidungsoptionen informiert zu sein), desto weniger depressive und ängstliche Symptome zeigten sie zum Katamnesezeitpunkt – 8 Monate nach Befundmitteilung, hauptsächlich dann, wenn sie sich Zeit zum Trauern nahmen.

Anhand von drei kasuistischen Beispielen wollen wir die Belastung, die mit einem solchen Ereignis einhergeht, exemplarisch aufzeigen. Die drei Beispiele können die Individualität der Verarbeitung verdeutlichen, die in einem rein empirischen Gruppenvergleich untergehen würde.

*Beispiel 1*: Frau H., eine 39-jährige Schwangere, hatte seit langem den Wunsch schwanger zu werden. Nach zwei früheren Fehlgeburten – in der 5. und 12. Schwangerschaftswoche – war sie nun zum dritten Mal schwanger. Nach ihren Vorerfahrungen in den beiden früheren Schwangerschaften entschloss sie sich, diesmal eine pränataldiagnostische Nackentransparenzmessung in der Frühschwangerschaft durchführen zu lassen. Diese ergab zunächst einen Verdacht auf Trisomie. Sie befürchtete nun, auch dieses Kind zu verlieren. Da unklar war, um welche Form von Trisomie es sich handeln könnte, beschloss sie, sich einer Fruchtwasseruntersuchung zu unterziehen. Diese ergab als Befund eine Trisomie 21 – für Frau H. eine ungeheure Erleichterung (vgl. Abb. 6.1), denn die beiden anderen Formen der Trisomie – Trisomie 13 und Trisomie 18 – hätten für sie bedeutet, dass sie auch dieses Kind verloren hätte. Diese Entscheidung, das Kind nur im Falle einer Trisomie 21 zu behalten, hatte sie bereits im Vorfeld getroffen. Frau H. erweckte im Interview den Eindruck, eine sehr entschlossene und resolute Person zu sein, die keinen Raum für andere Möglichkeiten sieht. Diese Art der Bewältigung half ihr möglicherweise, das Erlebnis zu verarbeiten: Sie entschied sich, glücklich zu sein, da das Down-Syndrom – wie sie es ausdrückte – „einen besonderen und lebenswerten Zustand" darstellt.

*Beispiel 2*: Frau J. ist 36 Jahre alt und erwartet ihr zweites Kind. Im Ersttrimester-Screening wird ein niedriger AFP-Wert (Alpha-Fetoprotein-Wert) festgestellt. Ihr wurde angeraten, eine Fruchtwasseruntersuchung durchführen zu lassen, um Klarheit über den Befund zu erlangen. Der endgültige Pränataldiagnostik-Befund zeigte, dass ihr Ungeborenes unter einer Trisomie 18 litt. Die Ärzte teilten ihr mit – so berichtete Frau J. –, dass die Lebenserwartung ihres Kindes ein paar Tage bis maximal wenige Wochen betragen würde. Sie entschied sich, die Schwangerschaft abzubrechen, was sie mit dem Satz kommentierte: „Mein Sohn wurde in der 22. Schwangerschaftswoche tot geboren und einen Monat später beerdigt." Nach dem Abbruch spricht sie

## Depressivität im Verlauf - Frau H.

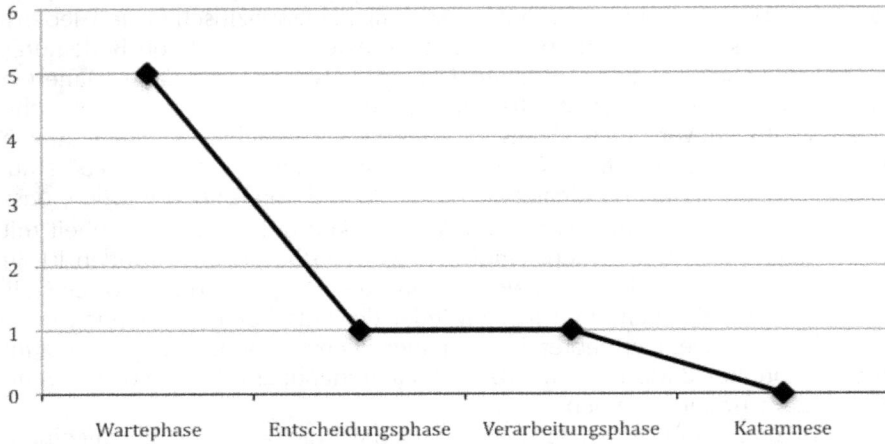

**Abb. 6.1**  Depressivität im Verlauf – Frau H.
Nach einer anfänglich leicht erhöhten Depressivität während der Wartephase sinkt diese abrupt ab, sobald Frau H. das Ergebnis der Fruchtwasseruntersuchung erfährt.

## Ängstlichkeit im Verlauf - Frau H.

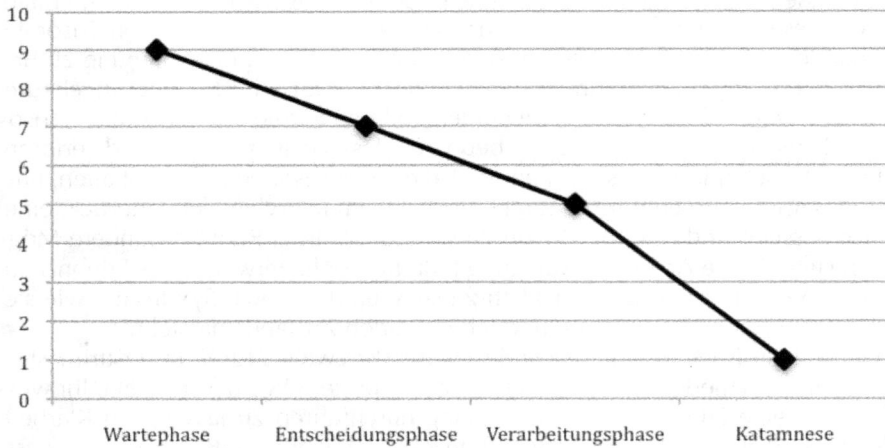

**Abb. 6.2**  Ängstlichkeit im Verlauf – Frau H.
Nach anfänglich erhöhten Ängstlichkeitswerten im klinisch auffälligen Bereich während der Wartephase sinkt diese nur graduell ab, nachdem Frau H. das Ergebnis der Fruchtwasseruntersuchung erfährt. Zum Katamnesezeitpunkt sind keine Angstsymptome mehr zu verzeichnen.

## Depressivität im Verlauf - Frau J.

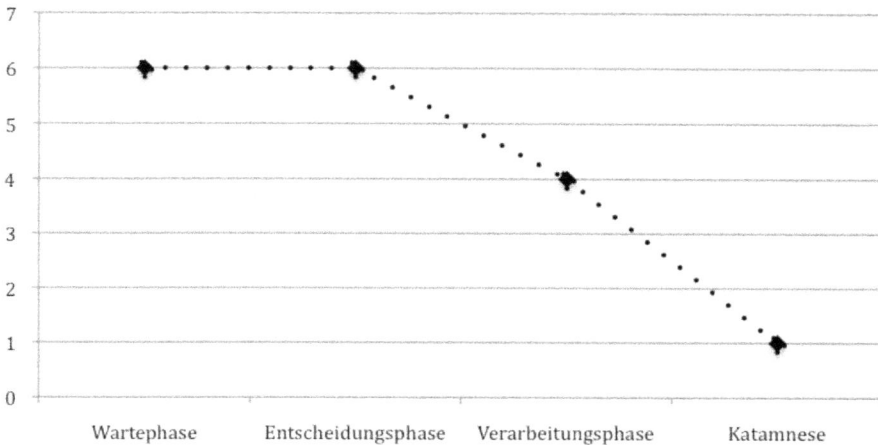

**Abb. 6.3** Depressivität im Verlauf – Frau J.
Leicht erhöhte Depressivitätswerte während der Wartephase und Entscheidungsphase. Diese nehmen langsam ab bis zum Katamnesezeitpunkt, wo sie dann im unauffälligen Bereich liegen.

von ‚einer Achterbahn der Gefühle': „Das kann alles nicht wahr sein. Mein Kopf sagt mir, dass die Entscheidung die richtige für uns alle war. Aber eine Frage bleibt immer, nämlich was wäre geschehen, wenn wir es unserem Kleinen überlassen hätten, über seinen Todestag zu entscheiden ..."

Das Ausmaß an Belastung, die diese Gedanken in ihr auslösen, spiegelt sich in den erhöhten Depressionswerten während der Entscheidungsphase und auch – etwas geringer – in der Verarbeitungsphase (vgl. Abb. 6.3) wider. Frau J. ist eher ein Beispiel für eine depressive Verarbeitung von Schuldgefühlen. Nach dem Schwangerschaftsabbruch überlässt sie sich einem intensiven Trauerprozess mit häufigen Besuchen am Grab des Kindes. Wenig später wird sie erneut schwanger.

Frau J. hat schon während der Wartephase – in der sie auf das endgültige Testergebnis wartet – klinisch hohe Angstwerte, die sich dann während der Entscheidungsphase stark steigern. Mit beginnendem Trauerprozess nehmen sowohl die depressiven als auch die ängstlichen Symptome ab. Letztere bleiben jedoch bis zum Katamnesezeitpunkt leicht erhöht (vgl. Abb. 6.4).

*Beispiel 3*: Frau K. ist eine 28-jährige Erstgebärende. Das Ersttrimester-Screening war auffällig und die sich anschließende Fruchtwasseruntersuchung zeigte, dass ihr Ungeborenes ein Turner-Syndrom (Karyotyp 45, XO) hat. Ihre Interpretation dieses Befundes war: „Mein Baby ist ein Mädchen, das niemals eine Frau sein wird." Sie fährt fort: „Mir wurde gesagt, dass ich das Kind entweder bekommen, es zur Adoption freigeben oder die Schwangerschaft abbrechen kann." Sie entscheidet sich für einen Abbruch, der in der 15. Schwangerschaftswoche erfolgt. Bereits eine Woche nach der Unterbrechung arbeitet sie wieder. Sie berichtet, obwohl

## Ängstlichkeit im Verlauf - Frau J.

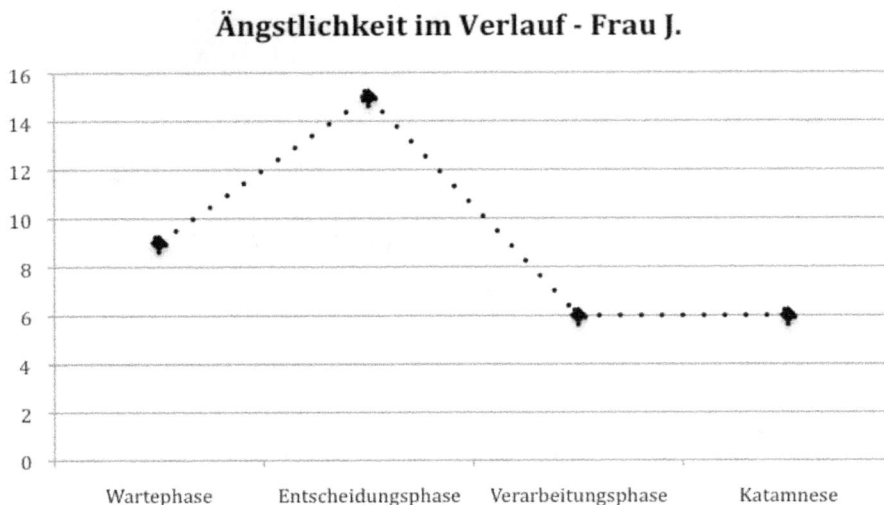

**Abb. 6.4** Ängstlichkeit im Verlauf – Frau J.
Die Ängstlichkeit ist klinisch hoch von Beginn an, während Frau J. auf das endgültige Testergebnis wartet, und steigert sich dann auf einen schon fast panikartigen Angstzustand während der Entscheidungsphase. Die Ängstlichkeit bleibt erhöht bis hin zum Katamnesezeitpunkt.

ihre Entscheidung die richtige für sie und ihre Familie gewesen sei, fühle sie sich manchmal schuldig.

Auf der manifesten Ebene rufen diese Schuldgefühle zunächst keine depressiven Reaktionen hervor – erst während der Verarbeitungsphase zeigen sich klinisch auffällige Depressionswerte (vgl. Abb. 6.5). Von Beginn an ist ihre Angstsymptomatik klinisch auffällig bis hin zur Panik und verbleibt auffällig bis zur Verarbeitungsphase (vgl. Abb. 6.6). Ihre Reaktionen sind von einer manischen Abwehr geprägt, indem sie zu verleugnen sucht, was passiert ist und schnell wieder ins Alltagsleben eintaucht. Während der Verarbeitungsphase wird ihr vom behandelnden Gynäkologen gesagt, dass während der Ausschabung vielleicht nicht alles entfernt wurde. Dies verarbeitet sie in einer bösartigen Phantasie, wonach Teile eines toten Körpers in ihr seien, die sich gegen sie wenden können. Während der Verarbeitungsphase berichtet sie, dass sie sich wieder gut erholt habe und alles gut geheilt sei. „Ich habe mir gegönnt mein Leben zu genießen und jetzt bin ich wieder schwanger. Ich fühle mich wohl, außer dass ich manchmal Angst habe, ein krankes, behindertes Kind in mir zu tragen. Ich zweifle die Diagnose an. Manchmal frage ich mich, ob sie es damals richtig erkannt haben, und ob ich nicht ein gesundes Kind getötet habe."

Wie die drei Einzelfälle zeigen, ist die Verarbeitung eines auffälligen Befundes, der eine Entscheidung über Leben und Tod verlangt, eine sehr individuelle Angelegenheit. Dennoch zeigen sich einige allgemein gültige Faktoren, die bei der Verarbeitung der durch eine anstehende Entscheidung hervorgerufenen Belastung hilfreich sein können. Welche Ängste und Gefühle entstehen, lässt sich schon allein am individuellen Verlauf der mittels ‚Hospital Anxiety and Depression Scale' (HADS) gemessenen Gefühle von Ängstlichkeit und Depressivität in den Einzelfällen ablesen.

## Depressivität im Verlauf - Frau K.

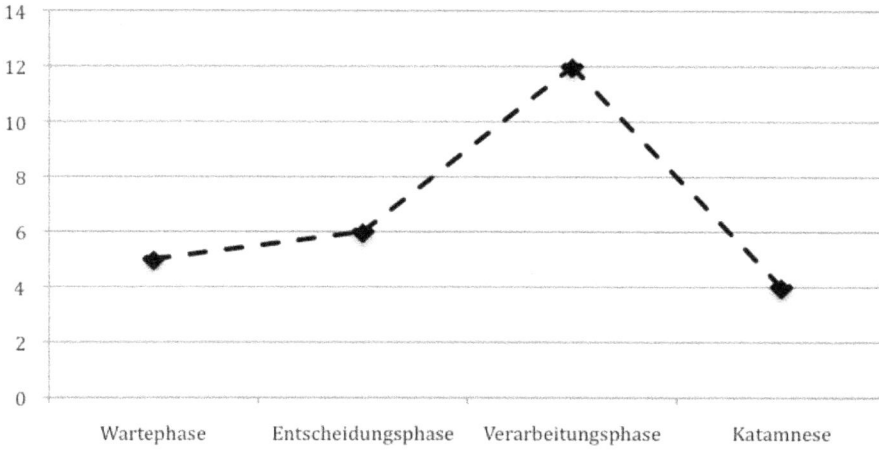

**Abb. 6.5** Depressivität im Verlauf – Frau K.
Klinisch auffällige Depressivitätswerte während der Verarbeitungsphase.

## Ängstlichkeit im Verlauf - Frau K.

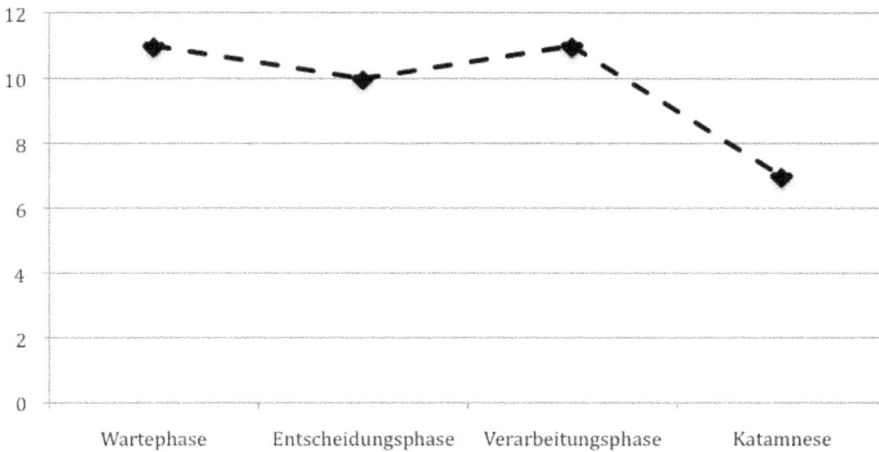

**Abb. 6.6** Ängstlichkeit im Verlauf – Frau K.
Die Ängstlichkeit ist klinisch hoch von Beginn an, mit schon fast panikartigen Angstzuständen bis hin zu Verarbeitungsphase.

Je nach Persönlichkeitsstruktur sind Grad der Informiertheit (Frau H.), ein intensiver Trauerprozess (Frau J.) oder das Gefühl eine ‚richtige' Entscheidung getroffen zu haben (Frau K.) bedeutsam dafür, ob sich im späteren Verlauf eine ängstliche oder depressive Symptomatik entwickelt und welches Ausmaß diese annimmt.

## 6.4 Weitere klinische Beobachtungen[4]

Im Rahmen der Substudie A wurden in der Forschergruppe aus Frankfurt und Mainz 46 Interviews mit Frauen/Paaren während und nach einer pränatalen Diagnostik durchgeführt. Wir haben 7 davon in unserem Buch ausführlich zusammengefasst und klinisch diskutiert (Fischmann et al. 2008). Zudem wurden das Interviewprocedere und die Expertenvalidierung, mit der die Interviews klinisch evaluiert wurden, ausführlich dargestellt.

In Substudie B dieser Forschergruppe bildeten 16 Interviews mit Analytikern und ehemaligen Patienten die Basis für weitere Überlegungen und Reflexionen. Auch aus diesem Teil der Studie möchten wir ein exemplarisches klinisches Beispiel ausführen.

### 6.4.1 Interview mit einer ehemaligen Analysandin mit Erfahrungen mit Pränataldiagnostik (Substudie B)

*„Willst Du Dir dies wirklich antun? – Durch Pränataldiagnostik zum Leben gewendet ..."* oder „Ohne eine Psychoanalyse hätte ich nie gewagt, schwanger zu werden ..."

*Erstes Interview mit Frau W.*

Frau W. erzählt zu Beginn des Interviews, sie sei das erste Mal mit 19 Jahren schwanger geworden und hätte abgetrieben, weil es ganz eindeutig war, dass „ich nicht dazu fähig gewesen wäre, das Kind aufzuziehen – auch der Freund war noch sehr jung ... auch dies ging nicht ..."

Mit 23 wurde sie in der Anfangsbeziehung zu ihrem Mann wieder schwanger und entschloss sich wiederum zu einer Unterbrechung, „weil ich damals innerlich zu wenig stabil und auch die Beziehung zu unsicher war ...". Sie erzählt dann lange von dem damaligen inneren diffusen und instabilen Zustand. Sie hätte Nähe zu ihrem Mann nicht ausgehalten, obschon sie sich danach gesehnt hätte. So hätte sie noch einen Freund neben ihrem Mann gehabt.

Ihr Mann habe sich dann auf eine Stelle im Ausland beworben – für zwei Jahre. In der Trennung habe er sich „paradoxerweise" ihr eher angenähert. Da habe sie sich entschlossen, zu ihm nach X. zu fahren. Er musste noch zweieinhalb Monate arbeiten, anschließend seien sie noch herumgefahren. Die Entscheidung, zu ihm zu fahren, sei wichtig gewesen. „Da musste ich mich auch in der Außenwelt erklären – zu etwas Eindeutigem stehen ... dies war eine Hilfe ..."

Sie habe in dieser Zeit Phobien entwickelt, zuerst vor Kleintieren, Mäusen, Meerschweinchen etc., dann vor Hunden, obschon sie früher den Hund ihres Freundes

---

[4]  Marianne Leuzinger-Bohleber.

gepflegt hatte … Nun, bei der Abreise nach X., hätten plötzlich ihre Hände gezittert, als sie die Reisecheques unterschreiben sollte … Dies war ganz schlimm. In X. konnte sie die Cheques nicht einlösen, weil sie Angst vor dem Unterschreiben hatte. Ihr Mann habe dies komisch gefunden, doch konnten sie in X. nichts daran ändern.

Zurückgekehrt ermutigte sie ihr Ehemann zu einer Psychotherapie. Sie begann eine Psychoanalyse bei Herrn Y. Die phobischen Symptome haben sich bald gebessert, doch wichtiger war, dass sie durch die Analyse mehr und mehr zu sich finden konnte. Mit 32 Jahren tauchte dann der Kinderwunsch auf. Vorher hatte sie sich eigentlich nie ernsthaft damit beschäftigt … Ich (M. L.-B.) frage nach, ob dies mit dem genetischen Problem in ihrer Familie zu tun hatte … (Sie erwähnte diese Problematik von sich aus nicht). Sie denkt nach und sagt, dass dies schon der Fall sein könnte. Sie beginnt dann über ihre „schwere Kindheit" zu erzählen.

Die Eltern, einfache Leute, heirateten als die Mutter 19, der Vater 21 Jahre alt waren. Ihr erster Sohn war „ein Bluter". Die Eltern verstanden nichts davon und konnten daher auch nicht adäquat mit ihm umgehen. Der Hausarzt entdeckte, dass der eineinhalb Jahre alte Sohn „so komisch lief" und viele blaue Flecken hatte. Er schickte die Eltern in die Uniklinik der nächsten größeren Stadt. „Es lag wohl sehr an der Art, wie meine Eltern damit umgingen – sie waren zu wenig aufgeklärt und haben daher meinem Bruder kaum helfen können." Die Krankheit wurde vom Vater meist verleugnet, von der Mutter weggeschoben. Es passierten schlimme Dinge, so versteiften die Ärzte das Bein des Bruders. Einmal hatte er einen Kaugummi gelutscht. Unter der Zunge entwickelte sich „eine Art Gerinnsel". Die Befürchtung war, dass dies ins Gehirn gelangen und zum Tode führen könnte. Die Ärzte schlossen den Bruder monatelang in ein Zimmer ein: Er durfte den Kopf nicht bewegen … Erst mit 29 Jahren entdeckte die Mutter eine Adresse aus Z., von Ärzten, die sich auf Hämophilie spezialisiert haben. Seither ist der Bruder dort in Behandlung. Die früheren Behandlungen wurden stark in Frage gestellt …

Sie selbst war 6 Jahre jünger und erlebte tagtäglich das Elend des Bruders. „Plötzlich passierte etwas: Der Bruder fiel vom Fahrrad. Die Ambulanz kam, und er verschwand für einige Monate ins Krankenhaus." Später erzählt sie, dass die Beziehung zum Bruder sehr schwierig war, weil er einen großen Neid auf sie als Gesunde empfand. Er quälte sie oft als Kind. „Er ist furchtbar kränkbar, ein schwieriger Mensch … und durch Blutkonserven mit HIV infiziert … "

Sie kommt dann zurück auf die Analyse, die ihr sehr gut getan habe. „Ich kam mehr zu mir und getraute mich dann auch, schwanger zu werden." Sie wurde auch gleich schwanger und entschloss sich zu einer Chorionzottenbiopsie … Dabei wurde etwas verletzt, es kam zu starken Blutungen und schließlich zu einer Fehlgeburt. Es war ein normaler Junge (sie ist Trägerin). Sie war sehr traurig, weil sie schon in der 20. Woche war, sich schon Phantasien über das werdende Kind gemacht, das Kinderzimmer in Gedanken eingerichtet hatte etc. Ihr Mann unterstützte sie sehr während des gesamten Entscheidungsprozesses, während ihre Mutter ihr ihre eigene Angst mitteilte und ihr überhaupt von Schwangerschaften abriet: „Was willst Du Dir damit antun … Eine Schwangerschaft kann plötzlich die Katastrophe bedeuten … "

Sie fühlte sich von Ärzten und Humangenetikern gut betreut. Diese ermunterten sie, nach einem halben Jahr wieder schwanger zu werden. Gleich wurde sie wieder schwanger und entschloss sich diesmal für eine Amniozentese. Sie erhielt einen positiven Befund. Schon vorher hatte sie sich für eine Unterbrechung entschieden, falls dies eintreten sollte. „Diesmal war es weniger schlimm, weil ich noch nicht in der 20. Woche war und die Entscheidung vorher feststand . . . "

Sie wurde dann zum dritten Mal schwanger und gebar „völlig normal eine normale Tochter . . . Es war so ein Glück . . . die Tochter ist jetzt 15 Jahre . . . sie hat das ganze Leben in wunderbarer Weise verändert. . . ".

Ohne Analyse hätte sie nicht den Mut gehabt, sich der ganzen Problematik und „Prozedur" zu stellen. In der Analyse hätte sie über alles reden können, fühlte sich getragen – auch bezüglich der moralischen Vorwürfe. Eine Cousine hätte ihr vorgeworfen: „Wie kannst Du dies nur tun – quasi das eine Kind einfach wegmachen, weil du ein gesundes willst . . . " Auch ihr Bruder sei sehr verletzt gewesen. Ohne Analyse hätte sie gar nicht verstanden, dass sie ihm mit ihrer Entscheidung mitteilte: „So einen wie Dich, den will ich nicht . . . " Sie hätte sogar – dank der Analyse – einmal mit ihm darüber reden können: Ihre Entscheidung gegen ein „Bluterkind" sei nur gegen die Krankheit, nicht gegen ihn gerichtet. „Und ja, ich wollte es nicht so machen wie meine Eltern – so düster. Ich habe mir nicht zugetraut, dass ich es besser – und anders – machen könnte als meine Mutter . . . Ich wollte raus aus der düsteren Geschichte . . . " Frau M. denkt dann differenziert nach, dass man es mit einem behinderten Kind auch „besser machen könnte als meine Eltern. . . . Vielleicht hätte ich es auch besser gemacht – aber vielleicht hätte mich das Schicksal meiner Mutter wieder eingeholt . . . ".

Sie bedauert, dass sie nicht noch weitere Kinder hat. „Ich hatte die Analyse abgeschlossen, vielleicht zu früh, weil ich das Ganze noch nicht verdaut hatte – aber wir zogen nach Z. für 2 Jahre. Dies wäre an sich ideal gewesen für ein zweites Kind. Doch konnte ich die Analyse nicht fortsetzen – und ohne die Möglichkeit, über alles zu sprechen, traute ich mir nicht zu, nochmals die ganze Prozedur zu durchlaufen. Auch mein Mann hatte Angst und wollte nicht mehr. Er meinte: Warum willst Du denn nochmals diese ganze Prozedur durchstehen? Jetzt haben wir ein gesundes Kind". . . . Ohne Analyse habe sie nicht den Mut gehabt, ihren Kinderwunsch erneut zu realisieren. „Ich habe sehr bedauert, dass ich die Analyse nicht mit Anfang 20 gemacht habe . . . dies sagen auch viele Freundinnen, die auch Analyse gemacht haben . . . "

*Zweites Interview*

Noch einige Aspekte aus dem zweiten Interview.

Frau W. wundere sich immer noch, dass sie es geschafft habe, nach ihrem Realschulabschluss die Erwartungen an sie als Mädchen im Dorf zurückzuweisen und sich selbst für eine Erzieherinnenausbildung in U. zu bewerben. Die Eltern hätten dies gar nicht richtig mitbekommen und erst als die Entscheidung anstand begriffen, dass sie – 17-jährig – ausziehe. Sie sei aber innerlich sehr allein gewesen und hätte auch damals schon phobische Symptome entwickelt. Daher sei es eine gute Entscheidung für sie gewesen, nach W., eine Stadt nahe ihres Dorfes, zu ziehen „Dies ist so etwas wie eine Heimatbasis – da fühlte ich mich sicher . . . konnte wieder über die Straße gehen . . . ".

Sie studierte dann, lebte aber meist „wie hinter einer Wand". Es sei ihr unvorstellbar, wie sie damals gelebt habe. Manchmal lernte sie abends einen Mann in einer

Kneipe kennen, schlief mit ihm. „Ich sagte am nächsten Morgen tschüss und das war's dann ... Dieses Verhalten ist mir von heute aus gesehen sehr fremd ... "

Sie kommt nochmals auf die Analyse zu sprechen – voll Dankbarkeit – weil sie dadurch „einen Grund" in sich gefunden habe. Wir sprechen von dem fehlenden Pendeln in der Adoleszenz: der Flucht in die Selbständigkeit ohne innere Heimatbasis. Sie bestätigt diese Problematik. Wir gehen nochmals auf ihre traumatischen Kindheitserlebnisse ein (ihre Schwester hat ein besseres Verhältnis zu ihrem Bruder – war nicht so sehr in der Rolle der Beneideten). Der Bruder sei so ungeschickt gewesen, dass oft plötzlich etwas Schlimmes passiert sei. Dazu ein Beispiel: Als sie gemeinsam einen kleinen Hang hinunterrutschten, landete – im Gegensatz zu ihr – der Bruder in einem Stacheldraht und verletzte seinen Arm: „Das Blut schoss nur so heraus – mein Bruder schrie entsetzlich – ich musste (als Vierjährige) Hilfe holen ... ". Sie schildert dann die Erzählung der Mutter, dass sie wie ein Bär schlief und nicht merkte, wenn die Ambulanz nachts geholt werden musste, weil der Bruder unerträgliche Schmerzen hatte. „Dies war vermutlich ein notwendiger Schutz für Sie ... ", kommentiere ich. Dies scheint für sie ein neuer Gedanke zu sein. Immer noch empfindet sie starke Schamgefühle, weil sie so „unempathisch" war. Sie schildert darauf ihren „Tunnelblick", den sie in ihrer Adoleszenz in sehr ausgeprägter Weise hatte. Vieles hätte sie dann einfach nicht wahrgenommen. „Wahrscheinlich war dies eine wichtige Strategie für Sie, um nicht ständig durch Panik und Angst überflutet zu werden." (M. L.-B.). Frau W. erzählt, dass das Gefühl, hinter einer Mattscheibe zu leben, durch die Psychoanalyse relativiert worden sei.

Ich gehe dann noch auf die halbstandardisierten Fragen ein. Zu meinem Erstaunen erinnert sie sich, auf meine entsprechende Frage, sehr wohl an die Pränataldiagnostik. „Es war eine furchtbare Erfahrung: Auf dem Tisch zu liegen – im Dunkeln – und mich auszuliefern – ich bekam Panik ... ". Wir stellen eine Beziehung her zwischen der Angst vor Auslieferung, Passivität und Katastrophenerwartung, übrigens eines der charakteristischen Merkmale schwer traumatisierter Menschen. Daher habe sie bei den nächsten beiden Analyseverfahren ein Beruhigungsmittel erhalten.

Sie fühlte sich von den Medizinern und Schwestern gut betreut. Sie schildert eindrücklich, wie sie nach der Blutung „an den Tropf gehängt" wurde, die Wehen aber nicht aufhörten, sie nicht schlafen konnte etc. Nach einer furchtbaren, schlaflosen Nacht habe sie sich entschieden, dass sie dies alles noch einen Tag aushalte und sonst den Tropf abschalte und der Natur ihren Lauf lasse. Sie hatte bei einer Freundin erlebt, wie furchtbar eine ganze Schwangerschaft „unter dem Tropf" gewesen sei – dies wollte sie nicht ... Sie war erstaunt, dass die Diakonissenschwester ihr sagte, sie sei froh, dass sie diese Entscheidung selbst gefällt habe – sie hätte ihr heute das Gleiche vorgeschlagen ... Es sei dann wirklich zu einer Fehlgeburt gekommen (unter Narkose – sie habe dies nicht miterlebt). Doch als der Oberarzt ihr mitteilte, dass es ein gesunder Junge gewesen sei, wollte sie gleich nach Hause ... „Ich wollte mein Kind nicht mit Krankenhaus verbinden ... " Daher habe sie bei ihrer Tochter auch eine ambulante Geburt gewählt. „Wir waren nach 3 Stunden schon wieder zu Hause und aßen Spaghetti" erzählt sie strahlend. „Ich war so glücklich, dass alles so normal verlaufen ist ... " Wieder drückt sie ihre Dankbarkeit der Analyse gegenüber aus, ohne die sie kaum den Mut gehabt hätte, sich ihren Kinderwunsch zu erfüllen.

Übrigens hatte sie erst auf Nachfrage erzählt, dass sie erst wagte, sich einer genetischen Untersuchung zu unterziehen, als sie sich entschied, schwanger zu werden. „Es war hart zu erfahren, dass ich Trägerin bin ... Dennoch wollte ich mich nicht vom Schicksal bestimmen lassen und versuchen schwanger zu werden. Ich empfand übrigens keinen Vorwurf den Eltern gegenüber ... "

Am Ende des Interviews sagt sie, sie hätte gerne mit mir gesprochen, es sei interessant gewesen, nochmals auf dies alles zurückzuschauen.

*Zusammenfassung der Gruppendiskussion*

Bezogen auf die Fragestellung unseres Projekts teilen die Experten die Einschätzung, dass es Frau W. ohne die tragende, professionelle Beziehung zum Analytiker kaum möglich gewesen wäre, die schweren Konflikte in Zusammenhang mit Kinderwunsch, Pränataldiagnostik, Schwangerschaft und Abbruch psychisch einigermaßen „gesund" zu bewältigen und z. B. den Verlust des gesunden Jungen durch die Frühgeburt zu betrauern. Die Dilemmata wurden erlebbar und „konnten besprochen werden" (Frau W.). Die therapeutische Beziehung erlaubte Frau W. trotz der Schrecken ihrer Traumatisierungen, sich für ein „gesundes Kind" zu entscheiden, die extremen Belastungen der Pränataldiagnostik, den Verlust des Kindes in der 20. Schwangerschaftswoche sowie den Abbruch der problematischen Schwangerschaft einigermaßen adäquat psychisch zu verarbeiten und „sich für das Leben zu entscheiden". Die psychoanalytische Behandlung ermöglichte ihr auch, die jahrelangen dissoziativen Zustände („hinter einer Mattscheibe lebend" – „Tunnelblick") als Folge der erlebten schweren Traumatisierungen zu überwinden und das eigene Leben aktiv in die Hand zu nehmen („Ich wollte mich nicht vom Schicksal bestimmen lassen."). Im Gegensatz zu anderen Frauen erlebte Frau W. die Pränataldiagnostik weniger als Entscheidung „für den Tod" als „für das Leben". Phantasien von sich als einer Kindsmörderin oder als „Gott, der über Leben und Tod entscheiden kann", sowie massive Schuldgefühle dem behinderten Bruder gegenüber, konnten in der analytischen Beziehung erkannt und durchgearbeitet werden.

Wir vermuten, dass Frau W. ohne professionelle Hilfe entweder auf Kinder verzichtet oder, wie ihre Schwester, das Risiko einer Behinderung auf sich genommen und die Möglichkeiten der Pränataldiagnostik nicht genutzt hätte. Falls sie sich für einen Abbruch entschieden hätte, hätte dies vermutlich zu schweren psychosomatischen oder anderen psychopathologischen Symptomen geführt.

Fazit: Pränataldiagnostik bot dieser genetisch belasteten Frau eine Möglichkeit, „sich für das Leben – gegen Tod und Behinderung" zu entscheiden. Doch war die Entscheidung unweigerlich mit omnipotenten Phantasien und schweren Konflikten und Dilemmata verbunden, die nur mit professioneller Hilfe psychisch einigermaßen adäquat zu bewältigen waren. „Ohne Psychoanalyse hätte ich es nicht gewagt, mich dieser Prozedur zu unterziehen und mir meinen Kinderwunsch zu erfüllen ... " (Frau W.).

## 6.4.2 Einige psychoanalytische Überlegungen zu den klinischen Beobachtungen

In Leuzinger-Bohleber et al. (2008c) haben wir anhand der ausführlichen Interviews versucht, die Komplexität und die Breite unterschiedlicher Reaktionsweisen verschiedenster Frauen und ihrer Partner auf die pränatale und genetische Diagnostik zu illustrieren. Abschließend versuchten wir – trotz der Idiosynkrasie des individuellen Erlebens – einige psychodynamische Merkmale zu diskutieren, die uns in der psychoanalytischen Evaluation der 46 Interviews der Substudie A und der 16 Interviews der Substudie B in unserer Expertengruppe aus Frankfurt und Mainz aufgefallen waren. Im Sinne vorläufiger, klinischer Ergebnisse möchten wir einige davon hier abschließend kurz zur Diskussion stellen.

Für alle untersuchten Frauen und Männer bedeutete die unerwartete Konfrontation mit einem problematischen Befund der Pränataldiagnostik und der damit verbundenen Notwendigkeit, über Leben und Tod ihres ungeborenen Kindes entscheiden zu müssen, eine große Belastung. Für manche hatte diese Erfahrung sogar eine traumatische Qualität, im Sinne einer plötzlichen, unerwarteten Überflutung von Phantasien und Affekten, die das Selbst überfordern und die es nicht bearbeiten kann – eines „Zu viels".[5] Aus einer psychoanalytischen Perspektive geht bei einer traumatischen Erfahrung das Urvertrauen in ein „gutes", „haltendes" und „containendes" Gegenüber, das das Selbst in der traumatischen Situation schützen kann, verloren.

Die empirischen Ergebnisse legen nahe, dass es mindestens zwei Gruppen von Frauen/Paaren gibt: Für alle bedeutet ein positiver Pränataldiagnostik-Befund eine schwere Belastung und Krise. Doch können die einen in einer akuten Krise einen zwar sehr schmerzlichen aber einigermaßen „adäquaten" Trauerprozess durchlaufen und danach zu einem relativ stabilen psychischen Zustand zurückfinden. Einer anderen Gruppe hingegen scheint dies kaum zu gelingen: Sie verfallen einem pathologischen Trauerprozess und reagieren oft mit schweren Depressionen oder anderen psychopathologischen Störungsbildern.

In diesem Rahmen können wir unsere psychodynamischen Überlegungen zu möglichen Unterschieden zwischen diesen beiden Gruppen nur kurz zusammenfassen (ausführlicher siehe Leuzinger-Bohleber et al. 2008c, S. 201 ff.).

Die unerwartete Konfrontation mit der unausweichlichen Entscheidung über Leben und Tod des eigenen ungeborenen Kindes führt unweigerlich zu einer Reaktivierung bzw. einer Regression auf ein archaisches Niveau psychischen Funktionierens. Das Faktum, dass in der Regel innerhalb weniger Tage zwischen Leben und Tod, („ja" und „nein"; „schwarz" und „weiss") entschieden werden muss, entspricht, entwicklungspsychologisch betrachtet, einer frühen präambivalenten, archaischen psychischen Welt der unbewussten Phantasien[6]. Es ist eine Phantasiewelt der „rei-

---

[5]  Wir können hier nicht auf die anspruchsvolle Diskussion um den Traumabegriff in der heutigen Psychoanalyse eingehen (vgl. dazu u. a. Fischer/Riedesser 1998; Bohleber 2000; Leuzinger-Bohleber et al. 2008b).

[6]  Das Konzept der „unbewussten Phantasie" kann hier nur erwähnt und nicht erläutert werden. In der modernen Psychoanalyse gehen wir – in Übereinstimmung mit neueren neurowissenschaftlichen Studien – davon aus, dass unser Gehirn (und unsere Seele!) nichts vergessen, sondern sich frühe und früheste Erfahrungen in „embodied Erinnerungen" niederschlagen (siehe dazu u. a. Leuzinger-Bohleber 2008; Leuzinger-Bohleber et al. 2008b). Solche „embodied Erinnerungen" werden mit dem Konzept der „unbewussten Phantasien" psychoanalytisch beschrieben.

Dazu wenigstens einige Bemerkungen: Das Unbewusste ist wohl nach wie vor das zentralste psychoanalytische Konzept. Zwar sprechen heute auch viele andere Therapierichtungen, akademische Psychologen, Kognitions- und Neurowissenschaftler von „unbewusster Informationsverarbeitung", doch ist damit meist ein anderes, ein *deskriptives* Unbewusstes gemeint. Die Psychoanalyse ergänzt das *Konzept des deskriptiven durch das dynamische Unbewusste*: Danach determinieren unbewusste Phantasien und Konflikte oft unerkannt menschliches Verhalten und reinszenieren – im Sinne des

nen" Trennung zwischen Heiligen und Bösewichten, Feen und Hexen, lebensretten-
den Mutterfiguren und Kindsmörderinnen, Kreusa und Medea. Kleinianische Psychoanalytiker charakterisieren diesen Zustand seelischen Funktionierens mit der
„paranoid-schizoiden" Position. Entwicklungspsychologisch betrachtet dominieren,
dem relativ noch undifferenzierten seelischen Apparat zufolge, relativ primitive Abwehrmechanismen, wie Spaltungen, Verleugnungen, Projektionen und projektive
Identifizierungen.

So konnten wir bei vielen der interviewten Frauen eine reaktivierte unbewusste
Phantasiewelt beobachten, die wir anderenorts als „Medea-Phantasie" beschrieben
hatten (vgl. Leuzinger-Bohleber 2001). Sie scheint ein häufiges, vielleicht sogar ubi-
quitäres, unbewusstes weibliches Phantasiesystem darzustellen, das sich unter anderem aus frühen Körperphantasien und projektiven Prozessen auf das weibliche
Primärobjekt speist. Diese Frauen tragen eine unbewusste „Wahrheit" in sich, dass
sie in einer Situation der extremen Hilflosigkeit, Kränkung oder des Verlassenwer-
dens dazu in der Lage sind, sich selbst, ihren Partner oder ihr Kind umzubringen.
In einer Entscheidungssituation, in der es objektiv darum geht, über Leben und Tod
des eigenen Kindes zu entscheiden, wird dieses unbewusste Phantasiesystem fast
zwangsläufig reaktiviert. Wird diese unbewusste Quelle archaischer Schuld- und
Schamgefühle nicht erkannt, erschwert dies die akute Belastungssituation zusätzlich
oder kann ihr sogar eine traumatische Qualität verschaffen.

Auch andere unbewusste Phantasien können in dieser Situation aktiviert werden –
oral getönte Phantasien über das Selbst und das Baby: Wer bedroht (schluckt oder
zerstört) das Leben von wem? Oft steht die Gefahr im Raum, dass ein behinderter
Fötus im Mutterleib abstirbt und dadurch eventuell das Leben der Mutter bedrohen
kann. Auch anal oder ödipal geprägten unbewussten Phantasien sind wir in den
Interviews begegnet: der Phantasie, etwas „Schmutziges" produziert zu haben, von

---

Wiederholungszwangs – frühere Konflikte und „Wahrheiten" in aktuellen Beziehungen, mit der Hoff-
nung, für Ungelöstes doch noch zu einer Lösung zu finden. Interessant ist nun, dass diese unbewussten
Phantasien immer sowohl einen ganz spezifischen, durch die eigene Lebensgeschichte geprägten Inhalt haben, andererseits aber eine Komponente enthalten, die bei allen Menschen aller Kulturen mehr
oder weniger in ähnlicher Form und ähnlichen Inhalten anzutreffen ist. Die Psychoanalyse erklärt dies
mit Körperphantasien: Ein menschlicher Säugling in Westeuropa hat ähnliche biologische Grundbe-
dürfnisse wie ein Säugling in China oder Afrika. Vereinfacht gesagt: Der menschliche Säugling wird –
im Gegensatz zu anderen Lebewesen – psychophysiologisch zu früh geboren: Er kann ohne die Pfle-
geleistung, das „Gefüttert- und Gehaltenwerden" durch eine Bezugsperson nicht überleben. Daher
gehört es zu den basalen Grunderfahrungen des Menschen, dass er nicht allein existieren kann, sondern von anderen abhängig ist. Solche Erfahrungen, bzw. die Erinnerungen daran, schlagen sich nun
in unbewussten Phantasien nieder, denn, wie inzwischen auch die neurowissenschaftliche Forschung
belegt, vergessen Gehirn und Seele nichts: Die Erinnerungen auch an früheste Erfahrungen schlagen
sich im Körper nieder (vgl. z. B. das Konzept des „embodied memory").

Im EDIG Projekt haben wir diskutiert, dass die eben skizzierte existenzielle Situation nach einer
Pränataldiagnose mit problematischem Befund sich dazu eignet, früheste archaische unbewusste
Phantasien, die ihren Ursprung wohl im ersten Lebensjahr haben, in dem der menschliche Säugling
mit der basalen Erfahrung von Leben und Tod konfrontiert wird, zu reaktivieren. Für die Verarbeitung
der (traumatischen) Entscheidungssituation hat es sich als zentral erwiesen, ob es den Frauen/Paaren
gelingt, die Reaktivierung der archaischen unbewussten Phantasien zu erkennen und zu einem
reiferen psychischen Niveau zurückzufinden. Erst auf einem solchen Niveau der seelischen Prozesse
ist es möglich, einen „adäquaten" Trauerprozess zu durchlaufen.

dem man sich befreien muss bzw. kann oder der Phantasie, durch eine Behinderung des Kindes für ödipale Wünsche bestraft worden zu sein.

Für die kurz-, mittel- und langfristige Verarbeitung dieser Entscheidungssituation und dadurch reaktivierte unbewusste Phantasien scheint uns klinisch (und aufgrund der erwähnten empirischen Ergebnisse) relevant, wie es der betroffenen Frau und ihrem Partner gelingt, mit der reaktivierten, archaischen unbewussten Welt psychisch umzugehen: Metaphorisch gesprochen scheint uns entscheidend, dass diese Frauen/Männer Unterstützung durch „gute innere und äußere" Bezugspersonen erhalten, die ihnen helfen, die Reaktivierung der archaischen Phantasiewelt wahrzunehmen, zu verbalisieren und dadurch zu einem Symbolisierungs- und Mentalisierungsprozess zurückzufinden, der ihnen ermöglicht, auf ein reiferes, ambivalentes Niveau des seelischen Erlebens zurückzufinden. Dies scheint uns eine wichtige Voraussetzung, damit der Verlust des Kindes bzw. des Wunsches nach einem „gesunden Kind" in adäquater Weise betrauert werden kann. Aus psychoanalytischer Sicht kann ein solcher Trauerprozess die Entwicklung psychopathologischer Symptome, wie Depressionen oder Angstsymptome, verhindern bzw. abmildern.

Wie uns erfahrene Pränataldiagnostiker berichteten, ist es ihrer klinischen Erfahrung nach nur einer kleinen Minderheit von Personen möglich, durch ein gutes Eingebettetsein in persönliche und familiäre Beziehungen eine solche progressive Verarbeitung der traumatischen Erfahrungen nach einem problematischen pränataldiagnostischen Befund zu durchlaufen. Die meisten Paare sind auf professionelle Hilfe angewiesen, um die Gefahr zu verringern, langfristig mit seelischen Störungen auf archaische Schuld- und Schamgefühle zu reagieren, die durch das seelische Funktionieren auf der skizzierten archaischen Ebene ausgelöst wurden.

Daher versuchen wir zurzeit einen Liaisondienst aufzubauen, der Frauen/Paaren in extrem belastenden Situationen im Zusammenhang mit Pränataldiagnostik eine professionelle psychoanalytische Unterstützung, eine Art Krisenintervention, anbietet. Als weitere Folgerung aus dem Forschungsprojekt EDIG versuchten wir einige protektive und Risikofaktoren zu beschreiben, anhand derer auch Nichtpsychoanalytiker, wie z. B. Pränataldiagnostiker, Gynäkologen und Hebammen, besonders gefährdete Frauen/Paare frühzeitig erkennen können, um ihnen jene professionelle Hilfe anzubieten, die sie so dringend benötigen. Wir haben sie ebenfalls in unserem Buch ausführlich beschrieben und können hier lediglich darauf verweisen (Leuzinger-Bohleber et al. 2008a).

## 6.5 Zusammenfassung und Plädoyer für eine „verstehende" Medizin im Bereich der Pränataldiagnostik

Da wir in diesem Rahmen leider nicht auf die Ergebnisse unseres interdisziplinären Dialogs mit den ethischen, medizinischen und kulturanthropologischen Experten eingehen konnten, möchten wir mit einer kurzen Metapher schließen, die einige Aspekte dieses Dialogs einfangen mag. Wir stützen uns dabei auf ein Märchen, das Christine von Weizsäcker in ihrem Eröffnungsreferat bei unserer internationalen Tagung „Ambivalenz des medizinisch-technischen Fortschritts" im September 2008 in Frankfurt erzählte:

Eine Fee erscheint bei einem Paar und gibt ihm die Chance, sich drei Wünsche zu erfüllen. Impulsiv, wie die Frau ist, ruft sie sogleich: „Oh, ich wünsche mir Sauerkraut und heiße Würstchen." Sogleich steht eine Schüssel mit dem erwünschten Gericht auf dem Tisch. Der Mann, erbost über die Dummheit und Impulsivität der Frau, ruft voll Ärger aus: „Ich wünschte Dir, dass Dir das Sauerkraut samt Würstchen an der Nase hängt ..." Sogleich erfüllt sich auch dieser Wunsch. Die Frau beginnt bitterlich zu weinen und zu klagen, sie weint, und weint, und weint – bis sich schließlich ihr Mann ihrer erbarmt und ihr, als dritten Wunsch, das Sauerkraut von der Nase wünscht.

Das Märchen warnt vor einer unreflektierten, schnellen Erfüllung von Wünschen – auch bezüglich pränataler Diagnostik und anderer neuer Errungenschaften der modernen Medizin. Oft sind die Risiken einer neuen Technologie noch nicht reflektiert und sorgfältig untersucht. Eine zu schnelle Anwendung birgt große Gefahren in sich. Durch eine unreflektierte Verwendung neuer technischer Möglichkeiten können Fakten geschaffen werden, die nicht mehr rückgängig zu machen sind. Die Möglichkeit, auch kleinste Abweichungen des Fötus auf dem Bildschirm oder in genetischen Analysen erfassen zu können, veranlasst oft zu schnelle Entscheidungen, die – im Falle eines Schwangerschaftsabbruchs – nicht mehr rückgängig zu machen sind. Zwar existiert, wie wir in vielen Interviews gesehen haben, oft ein Termindruck für die Entscheidung, eine Schwangerschaft fortzusetzen oder zu unterbrechen – doch oft ist dieser Termindruck auch künstlich erzeugt. Die Ergebnisse von EDIG könnten dafür sensibilisieren, wie wichtig es ist, Frauen und Paaren die Zeit zu lassen, bis sie sich zu einer Entscheidung durchgerungen haben und diese als für sie „richtig" erleben können, obschon sie gleichzeitig wahrnehmen, dass es „in dieser Situation keine eindeutig richtige oder falsche Entscheidung gibt" (vgl. oben). Die Zeit, die erforderlich ist, um aus der Reaktivierung bzw. der psychischen Regression auf archaische seelische Zustände, bedingt durch die unerwartete oft als traumatisch erlebte Mitteilung eines problematischen Befundes, herauszufinden und die Entscheidung auf einer reiferen Ebene des seelischen Funktionierens fällen zu können, ist für die kurz- und langfristige Verarbeitung besonders eines Spätabbruchs der Schwangerschaft entscheidend. Oft erweist sich eine professionelle (psychoanalytische) Hilfe als hilfreich, um die fast unvermeidlichen archaischen unbewussten Phantasien wahrnehmen und anschließend auch verbalisieren, symbolisieren bzw. mentalisieren zu können, eine Voraussetzung, um zu einem reifen seelischen Funktionieren zurückzufinden.

Die betroffenen Frauen und Männer sollten ihr Leiden an die Öffentlichkeit bringen und „weinen, weinen und weinen", bis sie gehört werden. Oft ziehen sich Frauen und Paare besonders hier in Deutschland schamvoll nach einem Spätabbruch aus den sozialen Beziehungen zurück und verstecken ihr Leiden, ihre Verzweiflung. EDIG war ein Versuch, dem Leiden der Betroffenen in der Öffentlichkeit eine Stimme zu geben – auch um einen humaneren, verstehenden Umgang mit ihnen während und nach der pränatalen Diagnostik zu entwickeln. In diesem Sinne ist für uns EDIG ein Plädoyer für eine humane, verstehende Medizin auch im Bereich der Pränataldiagnostik.

## Literaturverzeichnis

Bohleber W. (2000): Die Entwicklung der Traumatheorie in der Psychoanalyse, *Psyche – Z. Psychoanal*, Vol. 54, S. 797–839.

Dehli M. (2007): *Leben als Konflikt. Zur Biografie Alexander Mitscherlichs*, Göttingen: Wallstein.

Fischer G./Riedesser P. (1998): *Lehrbuch der Psychotraumatologie*. München: Reinhardt.

Fischmann T./Hildt E. (in Vorber.): *Ethical Dilemmas in Prenatal Genetic Testing*, Dordrecht: Springer.

Fischmann T./Pfenning N./Läzer K. L./Rüger B./Tzivoni Y./Vassilopoulou V./ Ladopoulou K./Bianchi I./Fiandaca D./Sarchi F. (2008): Empirical data-evaluation on EDIG (Ethical Dilemmas due to Prenatal and Genetic Diagnostics), in: Leuzinger-Bohleber M./Engels E.-M./Tsiantis J. (Hrsg.): *The Janus Face of Prenatal Diagnostics. A European Study Bridging Ethics, Psychoanalysis, and Medicine*, London: Karnac, S. 89–135.

Freimüller T. (2007): *Alexander Mitscherlich. Gesellschaftsdiagnosen und Psychoanalyse nach Hitler*, Göttingen: Wallstein.

Freud S. (1930): *Das Unbehagen in der Kultur*, GW 14, S. 419–506.

Hoyer T. (2008): *Im Getümmel der Welt. Alexander Mitscherlich – ein Porträt*, Göttingen: Vandenhoeck & Ruprecht.

Läzer K. L. (2007): *Einstellungen schwangerer Frauen zur pränatalen und genetischen Diagnostik. Kategorisierung, Quantifizierung und Auswertung offener Fragen*, Berlin, Freie Universität. Unveröffentlichte Diplomarbeit.

Leuzinger-Bohleber M. (2001): The ‚Medea fantasy'. An unconscious determinant of psychogenic sterility, *Int J. Psychoanal*, Vol. 82, S. 323–345.

Leuzinger-Bohleber M. (2008): Biographical Truths and their Clinical Consequences. Understanding „Embodied memories" in a third psychoanalysis with a traumatized patient recovered from severe Poliomyelitis, *Int J Psychoanal*, Vol. 89, S. 1165–1187.

Leuzinger-Bohleber M./Engels E.-M./Tsiantis J. (2008a, Hrsg.): *The Janus Face of Prenatal Diagnostics. A European Study Bridging Ethics, Psychoanalysis, and Medicine*, London: Karnac.

Leuzinger-Bohleber M./Roth G./Buchheim A. (2008b, Hrsg.): *Psychoanalyse – Neurobiologie – Trauma*, Stuttgart: Schattauer.

Leuzinger-Bohleber M./Belz A./Caverzasi E./Fischmann T./Hau S./Tsiantis J./ Tzavaras N. (2008c): Interviewing women and couples after prenatal and genetic diagnostics, in: Leuzinger-Bohleber M./Engels E.-M./Tsiantis J. (Hrsg.): *The Janus Face of Prenatal Diagnostics. A European Study Bridging Ethics, Psychoanalysis, and Medicine*, London: Karnac, S. 151–218.

Leuzinger-Bohleber M./Fischmann T./Pfenning N./Läzer K. L. (2009): Ambivalenz des medizinisch-technischen Fortschritts. Eine Untersuchung zu ethischen Dilemmata bei pränataler und genetischer Diagnostik, *Psyche – Z. Psychoanal*, Vol. 63, S. 189–213.

Mitscherlich A. (1969): Psychosomatische Probleme in der Gynäkologie, in: ders.: *Gesammelte Schriften, Bd. 2,* Frankfurt am Main: Suhrkamp, 1983, S. 572–588.

Mitscherlich A. (1970): Anpassungsgefährdungen und heutige gesellschaftliche Lebensbedingungen – Erkenntnisse psychosomatischer Medizin, in: ders.: *Gesammelte Schriften, Bd. 2,* Frankfurt am Main: Suhrkamp, 1983, S. 589–599.

Pfenning N. (in Vorber.): *Wissensmanagement in psychoanalytischen Forschungsprojekten,* Promotionsschrift.

Weingart P./Carrier M./Krohn W. (2007, Hrsg.): *Nachrichten aus der Wissensgesellschaft. Analysen zur Veränderung von Wissenschaft,* Weilerswist: Velbrück.

Weiss D./Marmar C. (1997): The Impact of Event Scale-Revised, in: Wilson J./Keane T. (Hrsg.): *Assessing psychological trauma in PTSD,* New York: Guilford, S. 399–411.

Zigmond A. S./Snaith R. P. (1983): The Hospital Anxiety and Depression Scale, *Acta Psychiatrica Scandinavica,* Vol. 67, S. 361–370.

# 7 Epigenetische Modifikationen kodieren eine zusätzliche Dimension vererbbarer Informationen

*Martina Paulsen*

## 7.1 Die genetischen und epigenetischen Komponenten des Erbguts

Die „Entschlüsselung" der DNA-Sequenzen des Menschen und einer Vielzahl weiterer Organismen hat eine Flut von Studien initiiert, die sich mit den funktionellen Aspekten des Erbguts befassen. Dabei geht es vor allem darum zu verstehen, wie die im Erbgut kodierten Informationen umgesetzt werden und welche Bedeutung das Zusammenspiel verschiedener Informationseinheiten, der sogenannten Gene, für den Bauplan, den Stoffwechsel und die Interaktion eines Organismus mit seiner Umwelt hat. Die Genetik als ein Fachgebiet, das an diesen Studien wesentlich beteiligt ist, befasst sich mit den grundlegenden Informationen der DNA-Sequenz. Diese ist vergleichbar mit einem Text, der aus verschiedenen Buchstaben besteht, aus einer Abfolge von vier verschiedenen Bausteinen, den sogenannten Nukleotiden, aufgebaut.[1] Innerhalb des Genoms, das die komplette DNA-Sequenz eines Organismus umfasst, sind die Informationen einer Vielzahl von Genen gespeichert, die in der Zelle als Baupläne verschiedener Zellbestandteile dienen. Darunter befinden sich Proteine, die die unterschiedlichsten Funktionen erfüllen können, aber auch RNAs, die als strukturelle Komponenten dienen oder regulatorische Funktionen erfüllen (Paulsen/Nellen 2008).

In Organismen, die über einen Zellkern verfügen, ist die DNA in Chromosomen organisiert, deren Form durch das Chromatin, das aus makromolekularen DNA-Protein-Komplexen besteht, bestimmt ist. Daraus ergibt sich eine der DNA-Sequenz übergeordnete Organisationsstruktur, die es ermöglicht, das Genom in aktive und inaktive Abschnitte zu gliedern. In Bereichen, die nur wenige Chromatinproteine aufweisen, liegt eine lockere Struktur vor (vgl. Abb. 7.1). Hier werden Gene abgelesen, da die DNA für Proteine, die am Lesevorgang beteiligt sind, zugänglich ist. In Bereichen, in denen die DNA dicht mit Proteinen bepackt ist, ist die DNA unzugänglich und infolgedessen wird ein Ablesen der Gene unterdrückt. Dies bedeutet, dass für die Aktivität der Gene nicht nur die DNA-Sequenz selbst, sondern der Verpackungszustand der DNA wichtig ist. Da während der Vervielfältigung der DNA auch der ursprüngliche Verpackungszustand als Vorlage für die DNA-Protein-Komplexe des neu entstandenen Doppelstrangs dient, werden auch auf der Ebene des Chromatins Informationen, die über die zukünftige Expression der Gene innerhalb der DNA bestimmen, an die Tochterzellen weitergegeben.

---

[1] Man unterscheidet vier Bausteine: Adenosin (A), Cytidin (C), Guanosin (G) und Thymidin (T).

**Euchromatin**

Transkription

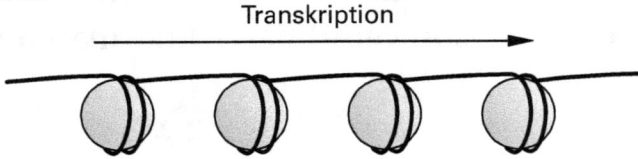

**Heterochromatin**

DNA Methylierung

**Abb. 7.1  Die Chromatinstruktur reguliert die Aktivität von Genen.**
Im oberen Teil der Abbildung ist ein aktives Gen dargestellt, das über eine offene Chromatinstruktur verfügt. Die Histonkomplexe sind als helle Kugeln dargestellt, die DNA ist nicht methyliert. In diesem Zustand ist die DNA für Proteine, die das Ablesen (Transkription) des Gens bewerkstelligen, zugänglich und das Gen ist infolgedessen aktiv, was durch den Pfeil angedeutet ist. Im unteren Teil der Abbildung ist die DNA methyliert, gleichzeitig weisen die Histonproteine andere Modifikationen als im oberen Abschnitt auf, was durch eine dunklere Färbung der Histonkomplexe angedeutet wird. Bedingt durch die Methylierung der DNA und der Histonmodifikationen kommt es zu einer dichteren Verpackung der DNA. In diesem Zustand ist das Gen für Proteine, die für das Ablesen benötigt werden, nicht erreichbar. Das Gen ist somit inaktiv.

Neben den genetischen Informationen der DNA-Sequenz werden also noch auf einer weiteren Ebene Informationen vererbt. Diese sogenannte epigenetische Form der Vererbung zeichnet sich dadurch aus, dass die Informationen zwar in den Chromosomen, nicht aber innerhalb der Sequenz der DNA kodiert werden. Der Begriff Epigenetik wurde vor allem durch den Entwicklungsbiologen C. H. Waddington (1957) in der Mitte des 20. Jahrhunderts geprägt. Die Epigenetik befasst sich mit der Vererbung von Informationen, die nicht durch die Abfolge von Nukleotidbausteinen innerhalb der DNA-Sequenz, sondern durch die Chromatinstruktur kodiert sind. Epigenetisch kodierte Informationen können über viele Zellteilungen hinweg an die neu entstehenden Zellen weitergegeben werden, andererseits können sie aber im Gegensatz zu den Informationen der DNA-Sequenz auch wieder rückgängig gemacht werden. In Säugetieren sind epigenetische Mechanismen der Genregulation an den Differenzierungsprozessen während der frühen Embryonalentwicklung beteiligt. Eine fehlerhafte Vermittlung von epigenetischen Informationen führt zu einer gestörten Expression von Genen und somit zu einer Veränderung der Eigenschaften des betroffenen Organismus. Beim Menschen werden Fehler in der epigenetischen Informationsvermittlung bei verschiedenen Krankheitsbildern beobachtet, unter anderem auch bei Tumoren (Prawitt/Zabel 2005).

## 7.2 Die Kodierung epigenetischer Informationen

Ausschlaggebend für den Aufbau einer bestimmten Chromatinstruktur sind Modifikationen der DNA, die jedoch nicht die DNA-Sequenz selbst betreffen, und Modifikationen der Chromatinproteine. Die bekannteste Möglichkeit, epigenetische Informationen zu kodieren, besteht in der Methylierung der DNA, dabei wird als fest gebundene Modifikation eine Methylgruppe an ein Nukleotid addiert. Bei Säugetieren sind davon vor allem die Cytidin-Bausteine (C) betroffen, denen in der Sequenz ein Guanosin (G) folgt. Methylierte Cytidine werden bei der Vervielfältigung der DNA und beim Ablesen von Genen wie unmethylierte Cytidine behandelt. DNA-Methylierung führt also nicht zu Veränderungen der DNA-Sequenz und hat im Falle von Protein-kodierenden Genen auch keinen Einfluss auf die Gestalt der betreffenden Proteine.

Das Chromatin besteht neben der DNA in erster Linie aus Histonproteinen, um welche die DNA gewickelt ist. Bei den epigenetischen Proteinmodifikationen gibt es eine Vielzahl verschiedener additiver Modifikationen, die in erster Linie die Histonproteine betreffen. Diese können zum Beispiel Acetyl-, Methyl- oder Phosphatgruppen an verschiedenen Aminosäuren innerhalb der Proteinsequenz tragen (Jenuwein/Allis 2001). Diese Modifikationen werden durch Enzyme, die solche Modifikationen addieren oder diese entfernen, etabliert oder verändert. Daneben gibt es im Chromatin eine Reihe von Histon-Varianten, die durch verschiedene Gene kodiert werden. Genvarianten aber auch additive Modifikationen von Proteinen haben zur Folge, dass sich Chromatin-Proteine in ihren Eigenschaften und in ihrer Fähigkeit mit DNA zu komplexieren unterscheiden, was die Entstehung variabler DNA-Proteinkomplexe zur Folge hat (vgl. Abb. 7.1). Als Resultat entsteht entweder eine lockere Chromatinstruktur, die das Ablesen von Genen erlaubt, oder eine dichte Struktur, die das Ablesen verhindert. Da die beschriebenen Proteinmodifikationen nicht unmittelbar die DNA betreffen, ist ein Einfluss auf die DNA-Sequenz ausgeschlossen. Grundsätzlich scheint der DNA-Methylierungskode weniger komplex zu sein als der in Protein-Modifikationen niedergelegte Histonkode. DNA-Methylierung scheint im Wesentlichen einen binären Kode darzustellen, der in Bezug auf seine Auswirkungen auf die Genaktivität als AN/AUS-Schalter fungiert, während der Histonkode aufgrund seiner vielzähligen Kombinationsmöglichkeiten verschiedener Modifikationen an unterschiedlichen Positionen des Proteins wesentlich komplexer erscheint. Nichtsdestotrotz zeichnet sich auch beim Histonkode die Präsenz einiger weniger Grundmuster ab. Dies bedeutet, dass die theoretisch mögliche Komplexität auf funktioneller Ebene wahrscheinlich nicht voll ausgeschöpft wird.

Im Gegensatz zu den Histonmodifikationen sind die Kopiermechanismen, die es erlauben DNA-Methylierungsmuster während der Vervielfältigung der DNA zu kopieren, weitgehend bekannt (Klose/Bird 2006; Paulsen et al. 2008). Dabei spielen bestimmte Enzyme, sogenannte Methyltransferasen, die Methylgruppen auf die DNA übertragen können, eine maßgebliche Rolle. Bei diesen Enzymen unterscheidet man zwei Typen: zum einen de-novo-Methyltransferasen, die auf unmethylierter DNA neue Methylierungsmuster etablieren können, zum anderen Erhaltungs-Methyltransferasen, die in erster Linie DNA, die bereits auf einem Strang ein Methylierungsmuster besitzt, methylieren. In Wirbeltieren werden in der genomischen DNA in erster Linie Cytidine methyliert, denen in der Sequenz ein Guanosin folgt. Im DNA-Doppelstrang steht aufgrund der gegenläufigen Anordnung der Einzelstränge einem solchen CG-Sequenzmotiv ein zweites CG ähnlich wie in einem Spiegelbild gegenüber.[2] Während der Vervielfältigung der DNA trennt sich der Doppelstrang auf und an den beiden Einzelsträngen werden neue DNA-Polymere synthetisiert. Die so entstehenden Doppelstränge bestehen aus einem alten Strang, der methylierte CG-Motive enthält, und einem neuen Strang, dem dieses Methylierungsmuster zunächst fehlt. Erhaltungs-Methyltransferasen methylieren die DNA an CG-Positititonen, deren gegenüberliegende CG-Motive bereits methyliert sind. Auf diese Weise gelingt es der Zelle, das ursprüngliche Methylierungsmuster zu erhalten. Dies hat zur Folge, dass nach der Zellteilung die Tochterzellen in ihrer DNA das gleiche Methylierungsmuster aufweisen wie die Vorläuferzelle. Infolgedessen können einmal gesetzte Methylierungsmuster und ihre beinhalteten epigenetischen Informationen über etliche Zellgenerationen vererbt werden. Nichtsdestotrotz kann DNA-Methylierung auch rückgängig gemacht werden. Dies kann entweder durch eine Unterdrückung der Erhaltungsmethylierung oder durch einen enzymatisch katalysierten Prozess in beschleunigter Form erfolgen. Die diesem aktiven Demethylierungsprozess zugrunde liegenden Mechanismen und die daran beteiligte Protein-Maschinerie sind bisher noch nicht im Detail bekannt.

## 7.3 Die entwicklungsbiologische Bedeutung epigenetischer Informationen

Epigenetische Modifikationen der DNA erfüllen in der Zelle verschiedene Aufgaben. Die Verpackung der DNA in DNA-Protein-Komplexe stabilisiert die Chromosomen-Struktur, sie ermöglicht während der Zellteilung eine geordnete Verteilung der Chromosomen auf die Tochterzellen und schützt die fragile langkettige DNA vor Strangbrüchen. Epigenetische Modifikationen unterdrücken die Aktivität von zahlreichen mobilen DNA-Elementen,[3] die im aktivierten Zustand in neue Genompositionen springen können, wo sie möglicherweise Gene zerstören. Epigenetische Mechanismen der Genregulation sind außerdem an den Differenzierungsprozessen während der frühen Embryonalentwicklung beteiligt. Eine fehlerhafte Vermittlung von epigenetischen Informationen führt zu einer gestörten Expression von Genen und somit zu einer Veränderung der Eigenschaften des betroffenen Organismus.

Wie C. H. Waddington (1957) hervorhob, umfasst die Entwicklung eines Organismus ausgehend von der befruchteten Eizelle Differenzierungsprozesse, die zu der Ausbildung verschiedener Zelltypen führen. Diese Prozesse nehmen bei den Individuen einer Spezies stets einen sehr ähnlichen Verlauf und müssen infolgedessen durch vererbbare Informationen gesteuert werden. Diese dienen als Grundlage für eine Kaskade verschiedener Regulationsprozesse während der Embryonalentwicklung und sorgen dafür, dass Gene in einer festgelegten Reihenfolge an- bzw. abgeschaltet werden. Unter den so regulierten Genen sind auch solche, die an der Etablierung bestimmter epigenetischer Modifikationen beteiligt sind, wie z. B. die oben erwähnten de-novo-DNA-Methyltransferasen oder Proteine, die solche Enzyme an

---

[2]  In einer Zelle liegen zwei einzelne, gegenläufig orientierte DNA-Stränge gepaart als Doppelstrang vor. Innerhalb des Doppelstrangs paart Cytidin mit Guanosin im Gegenstrang. Durch die festgelegte Leserichtung liegt daher einem CG-Motiv auf dem entgegengesetzt laufenden DNA-Strang ebenfalls ein CG-Motiv gegenüber.

[3]  Mobile Elemente nehmen mehr als 40 % des Säugetiergenoms ein. Unter diesen befinden sich einfache springende Elemente, sogenannte Transposons, aber auch integrierte retrovirale DNA-Sequenzen.

## Etablierung und Vererbung von DNA-Methylierung

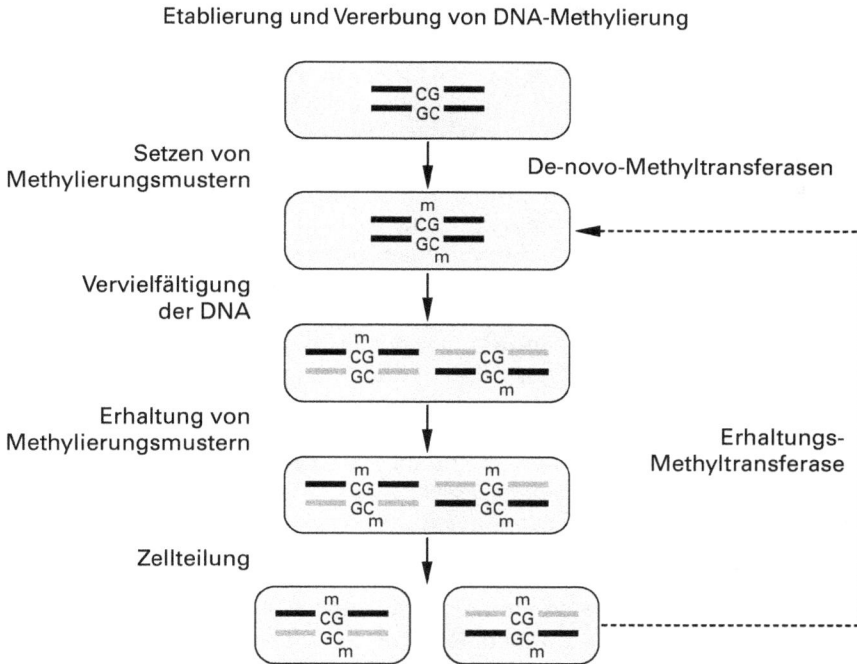

**Abb. 7.2 Etablierung und Vererbung von DNA-Methylierung.**
In der Abbildung ist die DNA-Methylierung in einer sich teilenden Zelle schematisch dargestellt. In Säugetieren findet DNA-Methylierung fast ausschließlich an Cytidin-Positionen (C) statt, denen in der DNA-Sequenz ein Guanosin (G) folgt. Einem solchen CG steht auf dem zweiten DNA-Strang ein CG gegenüber. Unmethylierte DNA wird durch spezielle Enzyme, sogenannte de-novo-Methyltransferasen, methyliert. Vor der eigentlichen Zellteilung wird die DNA vervielfältigt, d. h. anhand der alten DNA-Stränge (dunkel) wird neue DNA synthetisiert (hell). Der so entstandene neue DNA-Doppelstrang ist auf dem alten Strang methyliert, während der neue Strang zunächst unmethyliert ist. Erhaltungs-Methyltransferasen erkennen Positionen im Genom, die nur auf einem Strang ein Methylierungsmuster aufweisen. Diese Enzyme sind in der Lage, an solchen Positionen das Methylierungsmuster auf dem neuen DNA-Strang zu ergänzen, sodass anschließend die DNA auf beiden Strängen methyliert ist. Kommt es anschließend zur Zellteilung, erhalten beide Tochterzellen DNA-Kopien, die auf beiden Strängen methyliert ist.

die gewünschten Positionen im Genom leiten. Viele dieser Gene werden während der Entwicklung des Organismus nur temporär und in bestimmten Zelltypen abgelesen. Dies führt dazu, dass zu einem bestimmten Zeitpunkt der Entwicklung ein bestimmter epigenetischer Status etabliert wird, der während der nachfolgenden Zellteilungen mit Hilfe einer permanent induzierte Enzymmaschinerie, die der Erhaltung epigenetischer Markierungen dient, beibehalten wird. Da die Initiierung epigenetischer Modifikationen zielgerichtet an bestimmten Positionen des Genoms erfolgt, können bestimmte Gene während der Entwicklung spezifisch langfristig an- oder abgeschaltet werden.

Insbesondere anhand der Veränderung von DNA-Methylierungsmustern lässt sich die Bedeutung epigenetischer Informationen für die Embryonalentwicklung nachvollziehen (vgl. Abb. 7.3) (Dean et al. 2001; Haaf 2005). Ausgehend von der befruchteten Eizelle entsteht durch mehrere Zellteilungen die Blastozyste, welche embryonale Stammzellen, aus denen der spätere Organismus entsteht, beinhaltet. Diese Stammzellen besitzen das Potenzial als Vorläufer beliebiger Zelltypen zu dienen. Während der Entwicklung zur Blastozyste werden die epigenetischen Informationen auf den elterlichen Chromosomen umgebaut. Dies hat unter anderem zur Folge, dass die Methylierung der DNA auf ein Minimum reduziert wird. Interessanterweise setzt diese Demethylierung für den väterlichen Anteil des Genoms unmittelbar nach der Befruchtung ein, während die Methylierung des maternalen Anteils nach und nach während der anschließenden Zellteilungen reduziert wird. Dies weist darauf hin, dass die epigenetische Prozessierungsmaschinerie der Zygote in der Lage ist, die elterlichen Genomanteile, die aus der Ei- bzw. Samenzelle stammen, zu unterscheiden. Zum Zeitpunkt des Blastozystenstadiums hat sich das Methylierungsniveau der elterlichen Genomanteile auf einem niedrigen Niveau angeglichen. Infolgedessen befindet sich das Chromatin der Stammzellen in Hinblick auf seine DNA-Methylierung in einem aktivierten Zustand, der das quasi unbegrenzte Entwicklungspotential dieser Zellen widerspiegelt.

Während der anschließenden Zellteilungen fällt die Entscheidung für einen bestimmten Zelltyp. Dies bedeutet, dass sich die Wege der Stammzellen während der Entwicklung trennen und die Tochterzellen einer Stammzelle jeweils ihrem eigenen Pfad folgen und zu Zellen eines bestimmten Gewebetyps differenzieren. Unter natürlichen Bedingungen wird so die Identität einer Zelle festgelegt, was zur Folge hat, dass eine differenzierte Zelle im Allgemeinen nicht in der Lage ist den Zelltyp zu wechseln. Nach dem heutigen Stand der Forschung geht man davon aus, dass der differenzierte Zustand einer Zelle durch epigenetische Modifikationen auf DNA- und Protein-Ebene stabilisiert wird. Dies bedeutet, dass in einer bestimmten Zelle verschiedene Gene oder Bereiche der Chromosomen unterschiedlich modifiziert werden, und dass die dadurch erzeugten genomweiten Muster epigenetischer Modifikationen von Zelltyp zu Zelltyp unterschiedlich ausfallen und im Extremfall sogar einzelne Zellen individuelle Muster aufweisen können. In Anlehnung an den Begriff „Genom", der sich auf die DNA-Sequenz selbst bezieht, spricht man in Bezug auf die epigenetischen Modifikationen der Chromosomen einer Zelle auch vom „Epigenom". Während der Differenzierung erzeugte zelltypspezifische epigenetische Modifikationen werden in den anschließenden Zellteilungen stabil an die (Tochter-)Zellen weitergegeben und lenken die Entwicklung einer Zelle und ihrer Abkömmlinge in eine bestimmte Richtung. Die langfristige Stabilität epigenetischer Informationen verhindert einen spontanen Richtungswechsel und trägt wahrscheinlich maßgeblich dazu bei, die Identität einer Zelle bis zum Tod des Organismus zu fixieren.

Eine Besonderheit stellen in diesem Szenario die Keimzellen dar. Ihre Entstehung wird bereits während der Embryonalentwicklung initiiert. Während dieser Entwicklungsphase entstehen zunächst Vorläufer der Keimzellen, sogenannte primordiale Keimzellen. Während der einsetzenden Entwicklung dieser Keimzellvorläufer sinkt das DNA-Methylierungsniveau drastisch ab. Wie die embryonalen Stammzellen der Blastozyste zeichnen sich primordiale Keimzellen durch ein niedriges DNA-Methylierungsniveau aus, das den undifferenzierten Zustand dieser Zellen widerspiegelt. Im weiteren Verlauf werden neue, keimzellspezifische DNA-

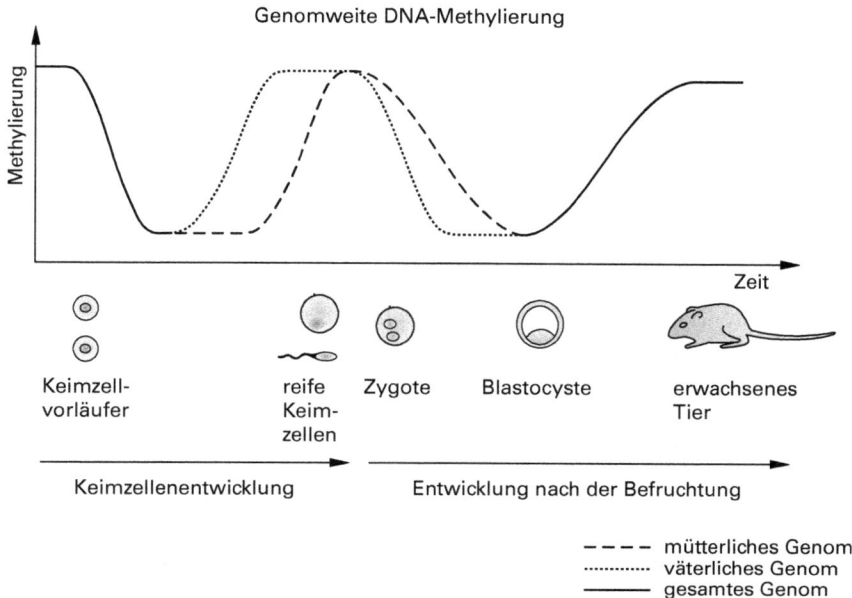

**Abb. 7.3 Veränderungen der DNA-Methylierung während der Keimzell- und Embryonalentwicklung.**
Untersuchungen in der Maus zeigen, dass die DNA des Säugetiergenoms während der Keimzell- und
Embryonalentwicklung mehrere Demethylierungs- und Methylierungswellen durchläuft. Dargestellt ist
das durchschnittliche DNA-Methylierungsniveau des Genoms, von dem in diesem Fall die im Verlauf des
Beitrags beschriebenen elterlich geprägten Gene ausgenommen sind.
Die von den beiden Elternteilen geerbten Genomanteile zeigen während der Entwicklung Unterschiede
im zeitlichen Ablauf der dargestellten Methylierungsveränderungen und sind daher unterschiedlich dargestellt, wobei die gestrichelte Linie den mütterlichen Genomanteil repräsentiert und die gepunktete Linie
den väterlichen Genomanteil. In den Vorläufern der Keimzellen wird die DNA-Methylierung zunächst
in weiten Teilen des Genoms reduziert. Auf diese Weise werden alte Methylierungsmuster gelöscht und
während der anschließenden Methylierungsphase durch neue Muster ersetzt. Die Methylierung setzt dabei in sich entwickelnden Eizellen etwas später ein als bei den Vorläufern der Samenzellen. Die reifen
Keimzellen weisen ein hohes genomweites Methylierungsniveau auf, das jedoch nach der Befruchtung
wieder reduziert wird. Direkt nach der Befruchtung sind die elterlichen Genome für die Proteine, die
an der Demethylierung des väterlichen Genoms beteiligt sind, noch unterscheidbar, was zur Folge hat,
dass das mütterliche Genom zunächst seine Methylierung behält und diese durch ein Unterbleiben der
Erhaltungsmethylierung während der anschließenden Zellteilungen langsam verliert. Beim Erreichen des
Blastozysten-Stadiums haben sich die Methylierungsmuster beider Genome auf einem niedrigen Niveau
angeglichen (die Angleichung ist angedeutet durch die durchgezogene Linie). Während der anschließenden Differenzierungsprozesse nimmt die DNA-Methylierung wieder zu. Dabei werden beide elterlichen
Genomanteile weitgehend gleich behandelt.

Methylierungsmuster gesetzt, was einen erneuten Anstieg der DNA-Methylierung im
Genom zur Folge hat. Interessanterweise erfolgt in den männlichen Keimzellvorläu-
fern der Anstieg der DNA-Methylierung wesentlich früher als bei der Entwicklung
der Eizelle, wo dieser Prozess erst zum Zeitpunkt der Befruchtung abgeschlossen

wird. Wie differenzierte Zellen anderer Gewebe verfügen Keimzellen zum Zeitpunkt der Befruchtung über zelltypspezifische epigenetische Informationen.

Die entwicklungsbiologische Relevanz von DNA-Methylierung wird unter anderem dadurch deutlich, dass in Mäusen ein Funktionsverlust von DNA-Methyltransferasen während der Keimzellentwicklung oder der Embryogenese zu schweren Fehlentwicklungen bis hin zur Letalität führt.

## 7.4 Elterlich geprägte Gene

Wie im vorangegangenen Abschnitt beschrieben, werden in Säugetieren die DNA-Methylierungsmuster der Keimzellen nach der Befruchtung weitgehend gelöscht. Infolgedessen sollte nur ein geringer Anteil an elterlichen epigenetischen Informationen an die Nachkommen übertragen werden. Nichtsdestotrotz gibt es im Säugetiergenom Abschnitte, in denen es sehr wohl zu einer Übertragung von epigenetischen Informationen aus den Keimzellen auf die Nachkommen kommt. Besonders deutlich wird ein derartiger Informationsfluss bei den sogenannten elterlich geprägten Genen.

Abgesehen von der speziellen Situation in Keimzellen sind in vielzelligen Organismen in der Regel von den meisten Genen zwei Kopien vorhanden, von denen eine aus dem mütterlichen, die andere aus dem väterlichen Genom stammt.[4] Die zweifache Ausführung von Genen impliziert, dass beide Kopien abgelesen werden. Dies ist in der Tat bei den meisten der etwa 30.000 Gene des Säugetiergenoms der Fall. Bei elterlich geprägten Genen, von denen bisher etwa 80 Vertreter in Säugetiergenomen identifiziert worden sind, wird dagegen nur eine Kopie abgelesen. Dabei legt der elterliche Ursprung einer Genkopie fest, ob sie aktiviert oder inaktiviert wird: Die Inaktivierung einer der beiden elterlichen Genkopien beruht auf epigenetischen Modifikationen, die in der Keimbahn gesetzt und nach der Befruchtung beibehalten werden (Walter/Paulsen 2003). Maßgeblichen Anteil scheinen dabei keimzellspezifische DNA-Methylierungsmuster zu haben. In der männlichen bzw. weiblichen Keimbahn werden die vorhandenen DNA-Methylierungsmarkierungen gelöscht und durch neue Markierungen ersetzt (vgl. Abb. 7.4). Dabei werden in der männlichen bzw. weiblichen Keimbahn unterschiedliche DNA-Methylierungsmuster gesetzt. Während bei den meisten Genen des Genoms die DNA-Methylierungsmarkierungen der Keimzellen nach der Befruchtung gelöscht werden und dadurch die elterlichen Kopien einander angeglichen werden, überstehen die Markierungen der elterlich geprägten Gene die Demethylierungsphase unbeschadet. Daher können die elterlichen Genkopien nach der Befruchtung weiterhin unterschieden werden und infolgedessen wird nur eine der beiden Genkopien abgelesen, während die andere stillgelegt ist. Da in einer Zelle, also in derselben physiologischen Umgebung, die Kopien dieser Gene ausschließlich aufgrund unterschiedlicher epigenetischer Informationen aktiv bzw. inaktiv sind, stellen sie ideale Modellsysteme zur Untersuchung von epigenetischen Regulationsmechanismen dar.

---

[4]  Eine Ausnahme ist zum Beispiel die einfache Kopienzahl von Genen auf den Geschlechtschromosomen männlicher Säugetiere, die über ein X- und ein Y-Chromosom verfügen.

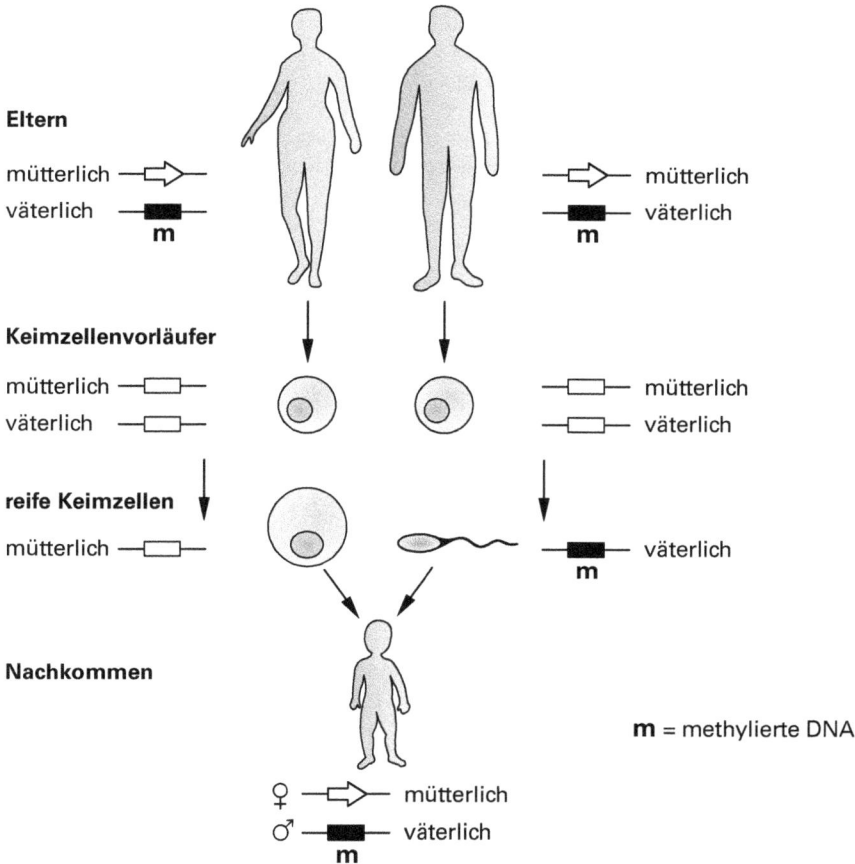

**Abb. 7.4    Elterliche Prägung von Genen.**
In der Abbildung ist ein elterlich geprägtes Gen dargestellt, das von der mütterlichen Kopie abgelesen wird (weißer Pfeil), während die väterliche Kopie (schwarzes Kästchen) stillgelegt ist. Die DNA der väterlichen Kopie ist methyliert (m). Im Lauf der Keimzellentwicklung wird in den Vorläufern der elterlichen Keimzellen die DNA-Methylierung im Bereich des Gens entfernt. Während der anschließenden Entwicklung der mütterlichen Eizelle wird eine neue Methylierungsmarkierung gesetzt, die den Demethylierungsprozessen nach der Befruchtung entgeht und so dem sich entwickelten Organismus erhalten bleibt, was zu einer Stilllegung der väterlichen Genkopie in den Nachkommen führt.

In verschiedenen Untersuchungen an Mäusen, denen funktionstüchtige DNA-Methyltransferasen fehlten, konnte gezeigt werden, dass DNA-Methylierung für die Markierung elterlicher Genkopien unabdinglich ist. Wird die DNA-Methylierung von elterlich geprägten Genen in der weiblichen bzw. männlichen Keimbahn unterbunden, hat dies nach der Befruchtung ein Fehlen der Prägung zur Folge. In einer solchen Situation werden die beiden elterlichen Kopien der betroffenen Gene in Bezug auf ihren epigenetischen Status angeglichen, was zur Aktivierung – in manchen Fällen aber auch zur Stilllegung – beider Genkopien führt. Wird die Erhaltung von

DNA-Methylierung nach der Befruchtung unterbunden, können die aus den Keimzellen stammenden Methylierungsmarkierungen während der Zellteilungen des frühen Embryos nicht erhalten werden, was ebenfalls in einem Verlust der elterlichen Prägung resultiert.

Fehler in den DNA-Methylierungsmustern elterlich geprägter Gene werden beim Menschen bei einer Reihe von Erkrankungen beobachtet (Kotzot 2005). Zu den bekanntesten gehören die Prader-Willi- und Angelman-Syndrome, die im Zusammenhang mit einer Fehlregulation von Genen auf Chromosom 15 stehen, und das Beckwith-Wiedemann-Syndrom, bei dem Gene auf Chromosom 11 betroffen sind. Betrachtet man die Vererbungsgänge dieser Erkrankungen, so wird deutlich, dass bei elterlich geprägten Genen die Mendel'schen Regeln der Vererbung ins Wanken geraten: Bei Individuen, die epigenetische Veränderungen im Bereich von elterlich geprägten Genen aufweisen, ist der elterliche Ursprung des betroffenen Chromosoms ausschlaggebend dafür, ob es zur Ausbildung von Krankheitssymptomen kommt. Dies steht im Widerspruch zu den Mendel'schen Regeln, die besagen, dass die Nachkommen unabhängig davon, von welchen Elternteil eine Erbinformation stammt, die entsprechende Eigenschaft ausbilden.

Unter den betroffenen Genen beim Beckwith-Wiedemann-Syndrom sind zwei Gene, die das Wachstum von Zellen steuern: Das von der väterlichen Kopie abgelesene Igf2-Gen, das einen Insulin-ähnlichen Wachstumsfaktor kodiert, und das von der mütterlichen Kopie abgelesene Cdkn1c-Gen, das als Zell-Zyklus-Regulator Wachstum unterdrückt (Reik/Maher 1997). In Beckwith-Wiedemann-Syndrom-Patienten wird häufig eine erhöhte Produktion des Igf2-Wachstumsfaktors, die wahrscheinlich durch die Aktivierung der normalerweise inaktiven mütterlichen Kopie des Gens verursacht wird, und ein Funktionsverlust des Cdkn1c-Gens beobachtet. Es ist daher nicht verwunderlich, dass ein typisches Symptom des Beckwith-Wiedemann-Syndroms die überdurchschnittliche Größe der betroffenen Neugeborenen ist. Viele Beckwith-Wiedemann-Patienten entwickeln außerdem im Kindesalter Wilms-Tumor, eine besondere Art von Nierentumor. Die hier beobachtete Situation eines von der väterlichen Kopie abgelesenen, Wachstum fördernden Gens (Igf2), dem ein vom mütterlichen Chromosom abgelesenes Wachstumsrepressorgen (Cdkn1c) entgegenwirkt, scheint typisch für elterlich geprägte Gene zu sein. Viele elterlich geprägte Gene, die von der väterlichen Kopie abgelesen werden, scheinen vor allem während der Embryonalentwicklung Wachstum zu fördern, während Gene, bei denen nur die mütterliche Kopie aktiv ist, Wachstum hemmen. Dies lässt vermuten, dass Gene, die nur von der mütterlichen oder von der väterlichen Kopie abgelesen werden, insbesondere während der Embryonalentwicklung auf antagonistische Weise wachstumsregulierend wirken.

Interessanterweise tritt im Tierreich eine elterliche Prägung von Genen nur bei Säugetieren auf, die eine Plazenta besitzen. Bei diesen Säugetierarten, zu denen Arten wie Mensch und Maus aber auch Beuteltiere gehören, besteht ein direkter Kontakt zwischen Embryo und Muttertier, wodurch der Embryo in der Lage ist, Einfluss auf seine eigene Nährstoffversorgung zu nehmen. Viele elterlich geprägte Gene sind zudem in der Plazenta aktiv und üben aufgrund ihrer dort ausgeübten Funktionen wahrscheinlich einen maßgeblichen Einfluss auf die maternale Nährstoffversorgung des Embryos aus. Basierend auf diesen Beobachtungen wurde von Moore und Haig (Moore/Haig 1991) die sogenannte „Parental-Conflict-Hypothese" entwickelt, die sich mit der evolutionsbiologischen Bedeutung elterlicher Prägung auseinandersetzt. Vor allem bei polygamen Tierarten haben die beiden Elternteile ein unterschiedliches Interesse an der Entwicklung eines bestimmten Embryos: Da der väterliche Elternteil nicht davon ausgehen kann, dass weitere Nachkommen der selben Mutter auch von ihm stammen, ist ihm daran gelegen, dass die mütterlichen Ressourcen bestmöglich für die Entwicklung des von ihm gezeugten Embryos ausgenutzt werden. Der Vater ist also an einer möglichst hohen Aktivität von Wachstumsfaktoren bzw. einer Stilllegung von Wachstumsrepressorgenen interessiert. Der Mutter ist dagegen daran gelegen, dass für weitere Nachkommen (von möglicherweise anderen Vätern) Ressourcen zurückgehalten werden. Infolgedessen ist es in ihrem Interesse, dass Wachstum fördernde Gene möglichst unterdrückt und Wachstumsrepressorgene möglichst aktiviert werden. Dies scheint während der Evolution zur Etablierung keimbahnspezifischer, epigenetischer Mechanismen geführt zu haben, die es erlauben, dass Gene von Wachstumsrepressoren in der männlichen und die von Wachstum fördernden Faktoren in der weiblichen Keimbahn inaktiviert werden. Als Konsequenz werden die betroffenen Gene nach der Befruchtung nur von einer der elterlichen Genkopien abgelesen.

## 7.5 Flexibilität epigenetischer Vererbungsmechanismen

Wie bereits beschrieben, werden epigenetisch kodierte Informationen zwar einerseits stabil über mehrere Zellteilungen hinweg vererbt, andererseits unterliegt das Epigenom während der Entwicklung eines Organismus systematischen Veränderungsprozessen. Dies hat zur Folge, dass jeder Zelltyp oder gar einzelne Zellen über ein eigenes Epigenom verfügen. In Pilotstudien erzielte Ergebnisse deuten darauf hin, dass im Menschen etwa 5–10 % der Gene sich in ihren DNA-Methylierungsmustern in unterschiedlichen Zelltypen unterscheiden. Da der Ablauf dieser Umbau-Prozesse einem festgelegten Programm folgt, sollten die verschiedenen Individuen einer Spezies nichtsdestotrotz in einem bestimmten Zelltyp, z. B. in den Lymphozyten des Bluts, über ähnliche Epigenome verfügen. Obwohl dies auch weitestgehend der Fall ist, wird es immer deutlicher, dass wie das Genom auch das Epigenom individuen-spezifische Unterschiede aufweist. Die Ursachen für die beobachtete Variabilität sind zwar nicht im Detail erforscht, nach dem heutigen Kenntnisstand geht man jedoch davon aus, dass ihr genetische aber auch äußere Faktoren, wie z. B. Ernährung und Umwelteinflüsse, zu Grunde liegen. Die genetische Komponente beinhaltet dabei die Tatsache, dass die Individuen einer Spezies in Bezug auf ihr Genom, also ihre DNA-Sequenz, Unterschiede aufweisen, die sich in unterschiedlichen Merkmalen, wie unterschiedliche Augenfarbe, unterschiedliche Prädisposition für bestimmte Krankheiten etc., bemerkbar machen. Die Variabilität des Epigenoms kann dabei von zwei verschiedenen Arten von Sequenzvarianten verursacht werden: Zum einen können verschiedene Individuen Sequenzvariationen in den Regulationselementen von Genen aufweisen, die dazu führen, dass diese Gene in einigen Individuen epigenetisch aktiviert werden, in anderen aber nicht. Zum anderen können DNA-Sequenzunterschiede in den Genen epigenetisch wirksamer Enzyme, z. B. in DNA-Methyltransferasegenen, auftreten. Diese Unterschiede können sich in Enzymvarianten mit unterschiedlicher Aktivität bemerkbar machen und dadurch die Effizienz, mit der die entsprechenden epigenetischen Modifikationen vollzogen werden, beeinflussen. Dies hätte Auswirkungen auf die epigenetische Regulation nicht nur einzelner Gene, sondern weiter Teile des Genoms.

Interessanterweise werden epigenetische Unterschiede aber auch bei eineiigen Zwillingen beobachtet, die über ein identisches Erbgut verfügen. In der medizinischen Literatur ist eine Reihe von eineiigen Zwillingspaaren beschrieben worden, bei denen ein Zwilling an Beckwith-Wiedemann-Syndrom erkrankt ist, der andere jedoch nicht (Weksberg et al. 2002). Dies deutet darauf hin, dass der erkrankte Zwilling die ursächliche epigenetische Anomalie erst nach der Teilung der Embryos entwickelt hat. Aber auch bei gesunden eineiigen Zwillingen wurden Abweichungen in den DNA-Methylierungsmustern nachgewiesen, die jedoch keine unmittelbaren gesundheitlichen Folgen zu haben schienen (Petronis 2006).

Zusammengefasst lassen diese Befunde darauf schließen, dass das Epigenom nicht nur von genetischen sondern auch von äußeren Faktoren beeinflusst werden könnte. Insbesondere im Zusammenhang mit dem Einfluss äußerer Faktoren ist in der letzten Zeit zunehmend die Frage von möglichen Transgenerationseffekten ins Rampenlicht geraten. Dabei steht die Übertragung von epigenetischen Modifikationen, die in den Eltern durch exogene Faktoren induziert wurden und die Expressionsmuster von Genen verändern, auf die Nachkommenschaft im Mittelpunkt des Interesses (Sandovici et al. 2008). In einem solchen Fall könnte sich der Einfluss exogener Faktoren auf epigenetischer Ebene über mehrere Generationen erstrecken.

### 7.6 Ein Mausmodell zur Untersuchung epigenetischer Variabilität

Im Gegensatz zu Untersuchungen am Menschen, die aus ethischen aber auch aus verschiedenen praktischen Gründen nur begrenzt möglich sind, bieten Tiermodelle wie die Maus die Möglichkeit, epigenetische Veränderungen gezielt zu analysieren. Insbesondere die Maus bietet sich aufgrund der hohen Zahl an Nachkommen, der relativ kurzen Generationszeit und der genetischen Homogenität der verwendeten Labormauslinien als Modellorganismus an. Für die Untersuchung von genetischen und exogenen Faktoren, die epigenetische Vererbung beeinflussen, wurde in den letzten Jahren ein Mausmodell etabliert (Morgan et al. 1999), an dem das Zusammenspiel dieser Faktoren unter wohl definierten Bedingungen untersucht werden kann. Die dabei verwendeten Mäuse tragen eine Mutation am sogenannten Agouti-Lokus, bei dem es sich um eine genomische Region handelt, die die Fellfarbe von Mäusen beeinflusst. In dieser Region liegt ein Gen, das ein parakrines Signalprotein kodiert und in den Follikelzellen von Haaren aktiv ist. Bei gewöhnlichen Mäusen ist dieses Gen nur zeitweise während der Haarentwicklung aktiv, was dazu führt, dass diese Mäuse schwarze Haare mit einer gelben Bandierung im Bereich der Haarspitze haben. Diese Musterung der einzelnen Haare lässt die Mäuse mit dem bloßen Auge betrachtet als dunkelbraun erscheinen. Bei der besagten Mutation handelt es sich um ein Stück zusätzliche DNA retroviralen Ursprungs, das vor dem Gen des parakrinen Signalproteins in die DNA eingebaut ist und dazu führt, dass das Signalprotein permanent synthetisiert wird (vgl. Abb. 7.5 a). Als Resultat ist das Haar der betreffenden Mäuse gelb durchgefärbt. Im Vergleich zu Mäusen ohne Mutation, die ein relativ dunkles Fell besitzen, ist das Fell dieser Mäuse ockergelb, also wesentlich heller. In verschiedenen Studien konnte jedoch gezeigt werden, dass, wenn das insertierte DNA-Element methyliert vorliegt, die Überaktivierung des Gens unterbleibt und das Signalprotein-Gen ein normales Expressionsmuster aufweist, was zu einer dunklen Fellfarbe wie bei normalen Mäusen führt. Kreuzt man Mäuse mit dieser Mutation, so zeigt sich, dass trotz identischer genetischer Informationen die Nachkommen in Bezug auf ihre Fellfarbe variieren, d.h. verschiedene Abstufungen zwischen gelber und dunkelbrauner Fellfarbe aufweisen. Dies deutet daraufhin, dass das DNA-Methylierungsmuster an dem eingebauten DNA-Element modifiziert wird, und diese Modifikationen bei den Mäusen eines Wurfs mit unterschiedlicher Effizienz durchgeführt werden.

Bei diesen Versuchen zeigte sich außerdem, dass gelbe Muttertiere vorwiegend gelbe Nachkommen haben, während dunkle Weibchen einen höheren Anteil an dunklen Tieren produzieren (vgl. Abb. 7.5 b) (Morgan et al. 1999). Dies wurde als Anzeichen dafür gewertet, dass auf der vom Muttertier geerbten Kopie des Gens die vorhandenen epigenetischen Informationen während der Keimzellentwicklung nur unvollständig gelöscht werden, was zur Folge hat, dass ein Teil der Nachkommen diese Informationen beibehält. Es handelt sich hierbei also um eine vererbte, epigenetisch bedingte Prädisposition für eine bestimmte Fellfarbe.

Die beobachtete Variation in der Fellfarbe der Nachkommen kann durch eine Fütterung der Muttertiere mit einer Mischung verschiedener Substanzen, sogenannten Methylgruppendonoren, die Methylgruppen für den Methylierungsstoffwechsel zur Verfügung stellen, beeinflusst werden. In dem hier beschriebenen Mausmodell führt eine Zugabe von Methylgruppendonoren zum Futter der Muttertiere bei den Nachkommen zu einer verstärkten Methylierung der beschriebenen Agouti-Mutation und damit zu einem erhöhten Anteil von Nachkommen mit dunkler Fellfarbe (Waterland/Jirtle 2003). Zu diesen Methylgruppendonoren gehören auch Substanzen wie Folsäure und Vitamin B12. Interessanterweise wird ausgerechnet Folsäure beim Menschen während der Schwangerschaft verabreicht, um Neuralrohr-Fehlbildungen des Embryos zu verhindern. Aus diesem Grund wird zurzeit diskutiert, ob die Versorgung mit Folsäure einen wesentlichen Einfluss auf epigenetische Prozesse während der Embryogenese haben könnte. In diesem Szenario könnte, verursacht durch Folsäuremangel, eine reduzierte DNA-Methylierung Differenzierungsprozesse während der Embryonalentwicklung hemmen oder verzögern und auf diese Weise zu den beobachteten Fehlbildungen beitragen.

## 7.7  Beeinflussen Umweltfaktoren und Transgenerationseffekte das Epigenom des Menschen?

Menschliche Erkrankungen zeichnen sich durch eine große Bandbreite von Ursachen aus. Während einige Erkrankungen durch genetische Defekte in bestimmten Genen verursacht werden, scheinen andere mehr oder weniger zufällig zu entstehen. Eine Zwischenstellung nehmen hierbei Erkrankungen ein, für die eine genetisch bedingte Prädisposition besteht, die aber nicht zwangsläufig zum Ausbruch der Krankheit führen muss. Im Laufe der letzten Jahre ist zunehmend das mögliche Zusammenwirken von genetischer Prädisposition und exogenen Faktoren wie der Ernährung in den Vordergrund gerückt. Prominente Beispiele sind Herz-Kreislauf-Erkrankungen, für die es sowohl genetische als auch ernährungsbedingte Risikofaktoren gibt. In diesem Zusammenhang ist es von Interesse, den Anteil epigenetischer Vererbungsmechanismen an der Prädisposition für bestimmte Erkrankungen zu ken-

a)  DNA-Methylierung beeinflusst die Fellfarbe

Gen für Signalprotein

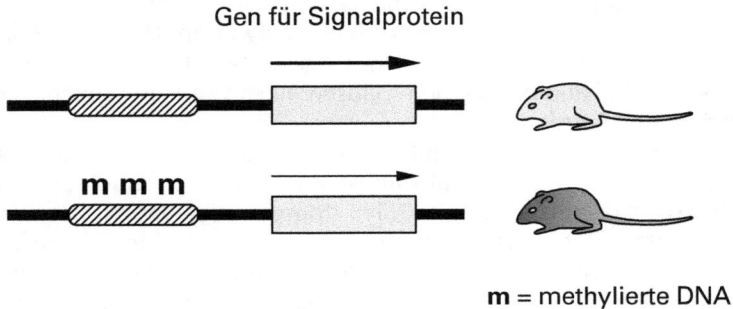

m = methylierte DNA

b)  epigenetische Prädisposition für Fellfarbnuancen

helles Muttertier                    dunkles Muttertier

Nachkommen

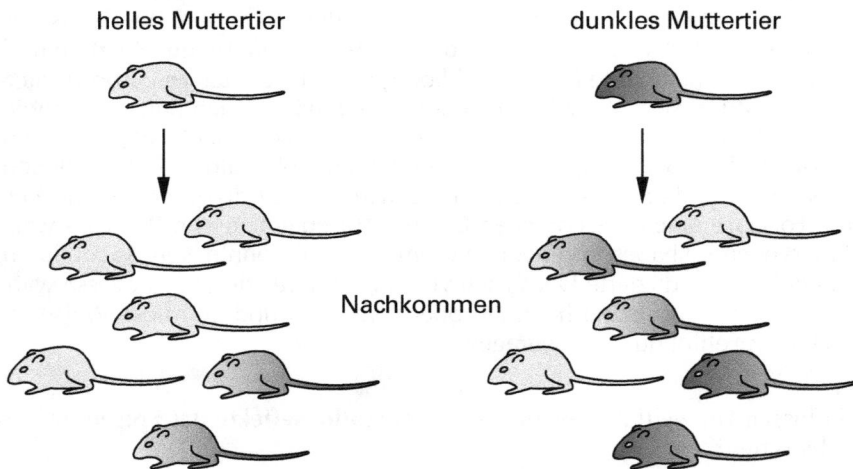

**Abb. 7.5   Transgenerationseffekte im Mausmodell.**
(a) DNA-Methylierung beeinflusst die Fellfarbe. Am sogenannten Agouti-Lokus im Mausgenom liegt ein Gen (graues Rechteck), das ein Signalprotein kodiert und die Haarpigmentsynthese beeinflusst. Die hier gezeigten Mäuse besitzen eine Variante des Gens, die sich durch ein zusätzliches DNA-Element (schraffierte Box) auszeichnet. Wie für die obere Maus gezeigt, führt dieses Element dazu, dass das Signalproteingen stärker als gewöhnlich aktiviert wird, was eine gelbe Fellfarbe zur Folge hat. DNA-Methylierung (m) im Bereich des DNA-Elements kann diesen Effekt unterdrücken. In diesem Fall kommt es zu einer dunklen Fellfarbe.
(b) Epigenetische Prädisposition für Fellfarbnuancen. In diesem Mausmodell werden Transgenerationseffekte beobachtet: Helle Muttertiere produzieren vor allem helle Nachkommen, dagegen ist bei dunklen Weibchen der Anteil an dunklen Tieren unter den Nachkommen höher.

nen und beurteilen zu können. Im Gegensatz zur Maus werden die entsprechenden Untersuchungen beim Menschen durch verschiedene Faktoren erschwert. Dazu gehören unter anderem die oft kleinen Kohorten-Größen der untersuchten Individuen, aber auch die in den Studien nur schwer kontrollierbare genetische Diversität des Menschen und unterschiedliche Ernährungs- und Lebensgewohnheiten.

Ein Forschungsgebiet, auf dem besonders intensiv in Bezug auf epigenetische Komponenten gearbeitet wird, sind neuerdings künstliche Reproduktionstechnologien, die auch beim Menschen vermehrt in Anspruch genommen werden (Niemitz/Feinberg 2004). In Industrieländern liegt der Anteil der durch künstliche Befruchtung im Reagenzglas gezeugten Neugeborenen zurzeit bei bis zu 2 %. Angesichts des zunehmenden Einsatzes dieser Technologien ist es nicht verwunderlich, dass diverse Studien in Bezug auf ihren epigenetischen Einfluss für eine gewisse Beunruhigung gesorgt haben. Ein Beispiel sind verschiedene Fallstudien, in denen sich zeigte, dass unter Beckwith-Wiedemann-Patienten der Anteil an Neugeborenen, die durch künstliche Befruchtung gezeugt wurden, ungewöhnlich hoch ist. Allerdings gibt es auch Studien, bei denen dieser mögliche Zusammenhang nicht nachgewiesen werden konnte. Diese Widersprüchlichkeit kann möglicherweise dadurch erklärt werden, dass die eingesetzten Technologien unterschiedlichen nationalen Standards folgen und auch in verschiedenen Fortpflanzungspraxen eines Landes voneinander abweichen können. Die möglichen Unterschiede umfassen unter anderem technische Komponenten wie die hormonelle Stimulation der Patientin bei der Gewinnung der Eizellen, die Befruchtungsprozedur selbst und die anschließende Kultivierung der Embryos. Daneben könnte die genetische Konstitution der Eltern eine Rolle spielen, die je nach ethnischem Hintergrund erheblich variieren kann.

Ein weiterer Gesichtspunkt sind exogene Faktoren wie Ernährung, Rauchen oder die Belastung durch Substanzen, die in den Geschlechtshormonhaushalt eingreifen, wie bestimmte Weichmacher in Plastik. Andererseits ist bekannt, dass der Zusatz von bestimmten Substanzen zur Nahrung, wie Mineralstoffe oder Vitamine, positive Effekte auf die Gesundheit zeigt, wie z. B. auch die oben erwähnte Verabreichung von Folsäure während der Schwangerschaft. Weniger klar sieht dagegen die Situation in Bezug auf Faktoren wie den Grundbedarf an Nahrung oder Suchtstoffen aus. In diesem Zusammenhang gibt es inzwischen Studien, in denen Transgenerationseffekte dieser Faktoren beschrieben werden (Pembrey et al. 2006). In einer Studie, die in Großbritannien durchgeführt wurde, konnte beispielsweise gezeigt werden, dass die Söhne von Vätern, die besonders früh in ihrer Jugend mit dem Rauchen angefangen haben, einen erhöhten Body-Mass-Index aufweisen. Für die Bevölkerung einer isolierten Region in Schweden, für die detaillierte Aufzeichnungen über die Verfügbarkeit von Nahrungsmitteln im 19. Jahrhundert existieren, wurde ein Einfluss des Nahrungsangebots bis in die dritte Generation beobachtet. Wie bei der englischen Studie wurde ein geschlechtsspezifischer Einfluss beobachtet, so hatte beispielsweise eine gute Versorgung der Großväter der väterlichen Linie während der vorpubertären langsamen Wachstumsphase eine verringerte Lebenserwartung der männlichen Enkel zur Folge.

Der Befund, dass sich die beobachteten Effekte auf eine Keimbahn beschränken und sich außerdem auf das Nahrungsangebot in einer bestimmten Lebensphase zurückführen lassen, hat Anlass zu der Vermutung gegeben, dass die Transmission dieser Effekte auf epigenetischen Modifikationen insbesondere im Bereich der

Geschlechtschromosomen basiert. Mögliche Transgenerationseffekte können dabei auf verschiedenen Ebenen zum Tragen kommen. Dazu gehört unter anderem eine direkte Wirkung des exogenen Faktors auf das Epigenom der Keimzellenvorläufer. Dies beruht auf der Tatsache, dass die Entwicklung der Keimzellen und die Prozessierung ihres Epigenoms bereits während der Embryonalentwicklung beginnen und sich durch die Pubertät und das fortpflanzungsfähige Alter bis zur Befruchtung fortsetzen. Da in beiden Studien nicht die Epigenome der (Groß-)eltern und ihrer Nachkommen untersucht wurden, sondern lediglich Veränderungen in Bezug auf äußere bzw. physiologische Merkmale, lässt sich nicht ausschließen, dass hier eine Selektion auf bestimmte genetische Faktoren zum Tragen kam. Es lässt sich beispielsweise nicht ausschließen, dass durch exogene Faktoren im Kindesalter oder in der frühen Jugend die Physiologie und die Lebensfähigkeit von Keimzellen bzw. ihren Vorläufern beeinflusst werden. Insbesondere physiologische Veränderungen haben dabei das Potential, auch auf die nachfolgenden Entwicklungsschritte zu wirken, was langfristig zu einer Selektion für eine bestimmte genetische Konstitution der reifen Keimzellen führen könnte.

In Hinblick auf mögliche epigenetische Transgenerationseffekte in der mütterlichen Keimbahn sollte auch beachtet werden, dass in Folge des frühen Einsetzens der Keimzellentwicklung während der Schwangerschaft exogene Faktoren die Epigenome der Schwangeren, des Embryos und der embryonalen Keimzellen beeinflussen können. In diesem Szenario könnten exogene Faktoren direkt epigenetische Veränderungen in den Vorläufern der Keimzellen induzieren, die letztendlich nach der Befruchtung in Nachkommen der Enkelgeneration resultieren. Selbst wenn die Induktion von epigenetischen Veränderungen in männlichen Vorfahren oder bei weiblichen Vorfahren vor der Schwangerschaft stattfindet, muss die Weitergabe der epigenetischen Informationen bis in die Enkelgeneration erfolgen, um als langfristiger, stabiler Transgenerationseffekt gelten zu können. Da es beim Menschen häufig bereits nicht leicht ist, DNA- oder Gewebeproben von mehreren Familienmitgliedern der ersten und zweiten Generation zu erhalten, ist allein die Zusammenstellung einer geeigneten Kohorte für eine Untersuchung auf epigenetische Veränderungen über drei Generationen hinweg schon schwierig.

Im Zusammenhang mit Transgenerationseffekten sollte auch bedacht werden, dass, abgesehen von der besonderen Situation bei den elterlich geprägten Genen, epigenetische Modifikationen während der Keimzellentwicklung und später nochmals während der Embryonalentwicklung entfernt und umgebaut werden. Die Dynamik und Rigorosität dieser Prozesse impliziert, dass eine Transmission epigenetischer Modifikationen unwahrscheinlich und unter entwicklungsbiologischen Gesichtspunkten nicht vorgesehen ist. Demzufolge sollten auch epigenetische Modifikationen, die durch exogene Faktoren induziert wurden, spätestens in der dritten Generation erfolgreich entfernt sein. So gesehen lässt es sich nicht ausschließen, dass epigenetische Transgenerationseffekte seltener auftreten und möglicherweise von geringerer Bedeutung sind als von verschiedenen Studien suggeriert wird.

## 7.8  Zusammenfassung

In Säugetieren werden neben genetischen Informationen, die in der DNA-Sequenz niedergelegt sind, weitere, epigenetische Informationen, die an die Chromosomen gebunden und durch Modifikationen von DNA-Protein-Komplexen kodiert sind, an die Nachkommen weitergegeben. Epigenetische Informationen können durch verschiedene Faktoren beeinflusst werden. So ist die genetische Variabilität verschiedener Individuen ein Grund dafür, dass sie auch auf epigenetischer Ebene Unterschiede aufweisen können. In verschiedenen Studien konnte nachgewiesen werden, dass Veränderungen im Epigenom auch durch exogene Faktoren induziert werden können. Dies bringt es mit sich, dass abgesehen von Umwelteinflüssen, die eine mutagene Wirkung auf die DNA-Sequenz selbst haben, auf der epigenetischen Ebene auch solche mit einer signifikanten „epi-mutagenen" Wirkung existieren könnten. Aufgrund der wichtigen Rolle, die epigenetische Informationen für die Entwicklung eines gesunden Organismus spielen, hat sich daher in den letzten Jahren ein reges Interesse an epigenetischen Vererbungsmechanismen unter dem Einfluss der Umwelt entwickelt. In Bezug auf die langfristige Vererbung von durch Umweltfaktoren induzierten epigenetischen Veränderungen ist das bisher entstandene Bild nach wie vor ausgesprochen vage: Auf der einen Seite lassen die epigenetischen Umbauprozesse während der Keimzell- und Embryonalentwicklung zwar insbesondere bei elterlich geprägten Genen eine Weitergabe von epigenetischen Informationen von den Keimzellen auf den entstehenden Organismus zu, auf der anderen Seite scheinen sie für andere Bereiche des Genoms eine derartige Weitergabe zu erschweren. Obwohl im Mausmodell Transgenerationseffekte eindeutig gezeigt werden konnten, lassen Studien in Bezug auf den Menschen nach wie vor eine Reihe von Fragen offen. Dies gilt insbesondere für die Frage der tatsächlichen Relevanz von Transgenerationseffekten für die erbliche Prädisposition für bestimmte Erkrankungen oder für die langfristige Gesundheitsvorsorge.

## Literaturverzeichnis

Dean W./Santos F./Stojkovic M./Zakhartchenko V./Walter J./Wolf E./Reik W. (2001): Conservation of methylation reprogramming in mammalian development: Aberrant reprogramming in cloned embryos, *Proc Natl Acad Sci USA*, Vol. 98(20), S. 13734–13738.

Haaf T. (2005): Epigenetische Genomprogrammierung im frühen Säugerembryo: Mechanismen und Pathologie, *Medizinische Genetik,* Jg. 17, S. 275–279.

Jenuwein T./Allis C. D. (2001): Translating the histone code, *Science*, Vol. 293, S. 1074–1080.

Klose R. J./Bird A. P. (2006): Genomic DNA methylation: the mark and its mediators, *Trends Biochem Sci*, Vol. 31, S. 89–97.

Kotzot D. (2005): Uniparentale Disomie und genomic imprinting, *Medizinische Genetik*, Jg. 17, S. 280–285.

Moore T./Haig D. (1991): Genomic imprinting in mammalian development: A parental tug-of-war, *Trends Genet*, Jg. 7, S. 45–49.

Morgan H. D./Sutherland H. G./Martin D. I./Whitelaw E. (1999): Epigenetic inheritance at the agouti locus in the mouse, *Nat Genet*, Vol. 23, S. 314–318.

Niemitz E. L./Feinberg A. P. (2004): Epigenetics and assisted reproductive technology: A call for investigation, *Am J. Hum Genet*, Vol. 74, S. 599–609.

Paulsen M./Nellen W. (2008): Gene und Allele. Zwei Begriffe – viele Definitionen, *Biologie in unserer Zeit*, Jg. 38, Heft 1, S. 50–55.

Paulsen M./Tierling S./Walter J. (2008): DNA Methylation and the Mammalian Genome, in: Tost J. (Hrsg.): *Epigenetics*, Norfolk: Caister Academic Press, S. 1–22.

Pembrey M. E./Bygren L. O./Kaati G./Edvinsson S./Northstone K./Sjostrom M./ Golding J. (2006): Sex-specific, male-line transgenerational responses in humans, *Eur J. Hum Genet*, Vol. 14, S. 159–166.

Petronis A. (2006): Epigenetics and twins: Three variations on the theme, *Trends Genet*, Vol. 22, S. 347–350.

Prawitt D./Zabel B. (2005): Krebsepigenetik, *Medizinische Genetik*, Jg. 17, S. 296–302.

Reik W./Maher E. R. (1997): Imprinting in clusters: Lessons from Beckwith-Wiedemann syndrome, *Trends Genet*, Vol. 13, S. 330–334.

Sandovici I./Smith N. H./Ozanne S. E./Constancia M. (2008): The Dynamic Epigenome: The Impact of the Environment on Epigenetic Regulation of Gene Expression and Developmental Programming, in: Tost J. (Hrsg.): *Epigenetics*, Norfolk: Caister Academic Press, S. 343–370.

Waddington C. H. (1957): *Strategy of the Gene*, London: Allen and Unwin.

Walter J./Paulsen M. (2003): Imprinting and disease, *Semin Cell Dev Biol*, Vol. 14, S. 101–110.

Waterland R. A./Jirtle R. L. (2003): Transposable elements: targets for early nutritional effects on epigenetic gene regulation, *Mol Cell Biol*, Vol. 23, S. 5293–5300.

Weksberg R./Shuman C./Caluseriu O./Smith A. C./Fei Y. L./Nishikawa J./ Stockley T. L./ Best L./Chitayat D./Olney A./Ives E./Schneider A./Bestor T. H./Li M./ Sadowski P./Squire J. (2002): Discordant KCNQ1OT1 imprinting in sets of monozygotic twins discordant for Beckwith-Wiedemann syndrome, *Hum Mol Genet*, Vol. 11, S. 1317–1325.

# 8 Transgene Tiere und genetische Information

*Kirsten Schmidt*

Die Frage nach dem Zusammenhang zwischen transgenen, also gentechnisch veränderten Tieren und dem Konzept der genetischen Information kann von zwei Seiten
angegangen werden. Einerseits ist auf der empirischen bzw. begrifflichen Ebene zu
fragen, inwiefern die Ergebnisse gentechnischer Forschung an transgenen Tieren relevant für die Geltung des Informationsbegriffs sind, d. h. ob sie diesen stützen oder
schwächen. Andererseits kann auf der normativen Ebene der Einfluss der Verwendung des Informationsbegriffs auf die öffentliche Wahrnehmung und (tier)ethische
Beurteilung der Gentechnik bzw. der Erzeugung von transgenen Tieren untersucht
werden. Ich werde mich im Folgenden auf diesen zweiten Aspekt konzentrieren,
dabei aber auch empirische Ergebnisse in die Überlegungen mit einfließen lassen.

Zunächst fasse ich im Abschnitt 8.1 kurz zusammen, welche Rolle der Informationsbegriff für die Darstellung molekulargenetischer Vorgänge in Organismen üblicherweise spielt. Im Abschnitt 8.2 stelle ich dann die Hauptziele der gentechnischen
Veränderung von Tieren sowie einige Formen von (tier)ethischen Einwänden dagegen vor. Meine These ist, dass vor allem in nicht-wissenschaftlichen Kontexten viele
dieser Bedenken in direktem Zusammenhang mit der Verwendung des Informationsbegriffs stehen. Durch die Rede von „genetischer Information" entsteht besonders in
der Öffentlichkeit ein bestimmtes (häufig negatives bzw. unzutreffendes) Bild von
den Möglichkeiten und Risiken der Erzeugung transgener Tiere, das im extremen
Fall zu einer Ablehnung der Gentechnik *per se* führt. Ich werde diese These im
Abschnitt 8.3 anhand von fünf wesentlichen Merkmalen des alltagssprachlichen Informationsbegriffs verdeutlichen.

## 8.1 Genetische Information

Sowohl in der biologischen „Scientific Community" als auch in der öffentlichen
Diskussion der Gentechnik sind Begriffe, die ursprünglich aus den Bereichen der
Informations- und Nachrichtentechnik oder der Linguistik stammen, allgegenwärtig.
So spricht man etwa von der genetischen *Information* bzw. *Erbinformation*, vom
genetischen *Programm* oder *Code*. Gene werden als *Botschaften* verstanden, die
einerseits im Körper selbst für Proteine *codieren*, die *transkribiert* und *translatiert*
(*übersetzt*) werden und andererseits durch den Menschen *entziffert* bzw. *entschlüsselt* werden können. Das Genom eines Lebewesens wird, z. B. in der Diskussion um
das Human-Genom-Projekt, als *Buch* des Lebens bzw. der Natur bezeichnet, das
man lesen kann, wenn man die Reihenfolge der einzelnen „*Wörter*" bzw. „*Buchstaben*" (d. h. der Gene bzw. Basenpaare) kennt.

Die verbreitete Verwendung des Informationsvokabulars in der Genetik geht auf
eine grundlegende Wende im Sprachgebrauch der Biowissenschaften in den 1950er-
und 1960er-Jahren zurück:

„Innerhalb nur eines Jahrzehnts avancierten [die] Darstellungen molekularer Prozesse als Prozesse der Informationsspeicherung und -übertragung, der (Ab-)Schreib- und Übersetzungsverfahren zu den Schlüsselkonzepten des molekularbiologischen Diskurses. Sie stellten ein rhetorisches Repertoire bereit, das sich heute [. . . ] anscheinend seiner metaphorischen Ursprünge entledigt hat: ‚Genetischer Code‘, ‚Information‘ und sogar die Rhetorik der ‚genetischen Schrift‘ sind heute selbstverständlicher Bestandteil biowissenschaftlicher Terminologie" (Brandt 2004, S. 8).

Trotz seines scheinbar problemlosen Gebrauchs ist es jedoch erstaunlich unklar, welchen Status der Begriff der genetischen Information innerhalb der Biologie besitzt. Weitgehend unstrittig ist, dass er nicht (allein) im ursprünglichen Sinne des mathematischen Informationsbegriffs interpretiert werden kann. Denn im Gegensatz zu diesem besitzt die mit den Genen assoziierte Information nicht nur einen syntaktischen, sondern immer auch einen semantischen Gehalt. Es gibt eine Vielzahl von Versuchen, einen gehaltvollen Begriff der genetischen Information zu etablieren, der diese Bedeutungsebene der genetischen Information berücksichtigt. Eine Möglichkeit ist etwa der Verweis auf die biologischen Funktionen der Gene im Rahmen einer teleosemantischen Theorie.[1]

Aber gerade unter Philosophen ist auch die Vorstellung weit verbreitet, dass es sich bei der Rede von genetischer Information immer noch um eine reine Metapher handelt, um die Übernahme eines Begriffs aus einem anderen Kontext, etwa mit dem Ziel, komplizierte wissenschaftliche Sachverhalte möglichst anschaulich und nachvollziehbar darzustellen oder eine sprachliche Lücke im wissenschaftlichen Vokabular zu schließen. Versteht man die Funktion einer Metapher im Sinne von Max Blacks Interaktionstheorie (Black 1996), dann haben wir es bei der Rede von genetischer Information mit Vorstellungen aus zwei unterschiedlichen Kontexten (einerseits der Informationstheorie bzw. Linguistik, andererseits der Biologie bzw. Genetik) zu tun, die miteinander in einem gegenseitigen aktiven Zusammenhang stehen, wobei der neue Kontext, der Rahmen, in dem die Metapher verwendet wird (in diesem Fall die Biologie), „beim fokalen Wort [Information] eine Erweiterung des Bedeutungsumfangs" bewirkt (Black 1996, S. 69).

Die Neuerschaffung und Verwendung von Metaphern ist ein wesentlicher Bestandteil jeder lebendigen Sprache. Der mutmaßlich metaphorische Charakter des Informationsbegriffs in der Biologie wird jedoch von vielen Autoren eher kritisch gesehen (vgl. Kay 2005; Janich 2006). So bemerkt etwa Sahotra Sarkar: „‚Information‘ is little more than a metaphor that masquerades as a technical concept and leads to a misleading picture of the conceptual structure of molecular biology" (Sarkar 2005, S. 183).

Ich möchte hier nicht dafür argumentieren, dass der Begriff der genetischen Information *keinerlei* substantielle Bedeutung hat. Es erscheint mir aber offensichtlich, dass er (auch bei einer Verwendung als wissenschaftlicher Fachbegriff mit klar umrissener Bedeutung) immer noch zumindest insoweit metaphorisch ist, dass zahlreiche Assoziationen nicht nur aus dem Bereich der Nachrichtentechnik und Linguistik, sondern vor allem aus dem alltagssprachlichen Verständnis von Information mitschwingen. Und dies gilt besonders bei der Verwendung des Begriffs der genetischen Information außerhalb der wissenschaftlichen „Fachwelt". Denn wie Black

---

[1] Ein Beispiel dafür ist der Ansatz von Fred Dretske (Dretske 1988).

ausführt ist es gerade ein Kennzeichen einer überzeugenden Metapher, dass mit ihr ein „System miteinander assoziierter Gemeinplätze" verbunden ist. Und vom „Expertenstandpunkt aus gesehen, mag das System der Gemeinplätze Halbwahrheiten oder regelrechte Fehler miteinschließen [...]; entscheidend für die Wirksamkeit der Metapher ist jedoch nicht, dass die Gemeinplätze wahr sind, sondern dass sie sich zwanglos und ohne Umstände einstellen" (Black 1996, S. 71).

Im Gegensatz zu biologischen, medizinischen, ethischen oder juristischen Kontexten, in denen der Begriff der genetischen Information jeweils mit einer genau definierten Bedeutung im Sinne eines *terminus technicus* verwendet wird, möchte ich daher von der folgenden alltagssprachlichen, sozusagen vorwissenschaftlichen Definition ausgehen, die auf den mit dem Begriff „Information" verbundenen „Gemeinplätzen" basiert:

Information ist übertragbares oder übertragenes Wissen mit einer bestimmten Bedeutung, das auf unterschiedliche Weise (d. h. auf unterschiedlichen Trägern bzw. Medien) gespeichert oder konserviert sein kann. Häufig ist mit dem Begriff der Information (im Sinne einer Botschaft) auch der Aspekt einer Anweisung verbunden: Die Übermittlung einer solchen Information dient dann einem bestimmten Zweck, soll eine bestimmte Reaktion hervorrufen. In diesem Sinn könnte man von Information auch als zweckorientiertem Wissen sprechen. Allgemein kann man sagen, dass durch Erlangen von Information eine Verkleinerung von Ungewissheit bzw. Unwissen erreicht wird.

Nach dieser einfachen Interpretation erscheint die Bedeutung der Rede von genetischer Information zunächst weitgehend unproblematisch: Gene bzw. die DNA werden als materielle Träger oder Speichermedien eines „Wissens" angesehen, das von entscheidender Bedeutung für die Lebensprozesse in einem Organismus ist. Indem dieses Wissen unter anderem im Verlauf der Proteinbiosynthese zur Herstellung von Proteinen eingesetzt wird, leisten die Gene einen wesentlichen informationellen Beitrag zur Entwicklung und Physiologie eines Lebewesens.

Es bleibt jedoch die Frage bestehen, welche Arten von Bildern, von Assoziationen durch diese Beschreibung bei einem Hörer hervorgerufen werden, der sich über den zumindest teilweise metaphorischen Charakter des Informationsbegriffs, angewendet auf genetische Prozesse, nicht ausreichend im Klaren ist. Anders formuliert: Welche „Altlasten" in Form von (aus biologischer Sicht vielleicht unzutreffenden) Gemeinplätzen werden durch die Übertragung des Begriffs der Information auf den Bereich der Genetik mit transportiert? Und ist dies in irgendeiner Form ein Problem für die angemessene öffentliche Darstellung biologischer Forschung? Ich denke, dass dies tatsächlich der Fall ist. Denn wie etwa Christoph Rehmann-Sutter anmerkt, sind die „Metaphern des genetischen Informationalismus [...] nicht bloß harmlose Veranschaulichungen oder didaktische Hilfen, um sich komplexe Sachverhalte einfacher vorstellen zu können. Sie enthalten ontologische Konzepte und Anweisungen zum praktischen Eingreifen" (Rehmann-Sutter 2005, S. 182). Und damit prägen sie das Bild der Gentechnik in einer Weise, die Anlass zu Misstrauen und Bedenken liefern kann. Dies gilt, wie ich im Folgenden zeigen möchte, besonders im Hinblick auf die Erzeugung transgener Organismen.

## 8.2 Transgene Tiere

Transgene Organismen sind Lebewesen, in deren Erbgut entweder fremde DNA-Abschnitte (d. h. DNA von anderen Organismen bzw. Arten oder synthetisch hergestellte DNA) stabil eingebaut sind oder bei denen eigene Gene entfernt oder inaktiviert wurden. Diese Veränderungen im Genom werden von den transgenen Organismen an ihre Nachkommen weitervererbt.

Ich werde mich im Folgenden vor allem auf transgene *Tiere* konzentrieren, bei denen (im Gegensatz etwa zu Pflanzen) schon aufgrund ihrer Empfindungsfähigkeit ethische Bedenken in besonderer Weise relevant sind.

Die wissenschaftlichen Ziele, die mit der Erzeugung transgener Tiere verfolgt werden, können im Wesentlichen in drei Gruppen unterteilt werden:

1. Transgene Tiere dienen als Modellorganismen in der medizinischen und biologischen Forschung, z. B. als Krankheitsmodelle, in der genetischen Grundlagenforschung, in der Entwicklungsbiologie oder als pharmakologische und toxikologische Modelle. Besonders verbreitet sind die sogenannten Knockout-Mäuse, bei denen einzelne Gene gezielt inaktiviert wurden.
2. Transgene Tiere sollen medizinisch notwendige Substanzen liefern. Im Vordergrund steht dabei das sogenannte „Genpharming", die Gewinnung biologisch aktiver Proteine (z. B. menschlicher Antikörper) aus den Körperflüssigkeiten transgener Tiere. Aber auch die Möglichkeit einer Xenotransplantation von Organen transgener Tiere auf den Menschen gewinnt durch die Knappheit menschlicher Spenderorgane zunehmend an Attraktivität.
3. Die gentechnische Veränderung von Nutztieren soll etwa zu einer Verbesserung der tierlichen Produkte (z. B. zur Anreicherung von Schweinefleisch mit Omega-3-Fettsäuren) oder zu einer besseren Eignung der Tiere für bestimmte Haltungsbedingungen führen.

Gegen die Erzeugung und Haltung transgener Tiere wird eine Vielzahl von moralischen Einwänden vorgebracht. Eine verbreitete Einteilung ist die in extrinsische und intrinsische Bedenken.

*Extrinsische Bedenken* beurteilen die Richtigkeit bzw. Falschheit eines gentechnischen Eingriffs allein nach den voraussichtlichen Folgen – für die betroffenen Lebewesen (vor allem für Menschen und Tiere), aber auch z. B. für die Umwelt oder die Gesellschaft. Der häufigste extrinsische Einwand gegen die Gentechnik aus tierethischer Sicht ist die Sorge um das subjektive Wohlergehen der transgenen Tiere: Verursacht die genetische Veränderung Schmerz oder Leid? Es ist offensichtlich, dass eine Vielzahl gentechnischer Veränderungen zu gravierenden Einschränkungen des tierlichen Wohlergehens führen können. Man denke etwa an die Erzeugung transgener Krankheitsmodelle in der Krebsforschung, die aufgrund ihrer genetischen Konstitution in besonderem Maße zur Ausbildung von Tumoren neigen.

Die Bedeutung solcher extrinsischer Bedenken ist in der tierethischen Diskussion unstrittig: Einschränkungen des tierlichen Wohlempfindens müssen für die moralische Bewertung der gentechnischen Veränderung von Tieren auf jeden Fall berücksichtigt werden. Ob die entsprechenden Eingriffe schlussendlich als moralisch zulässig oder unzulässig bewertet werden müssen, hängt unter anderem davon ab, wie stark elementare tierliche Interessen im Vergleich mit menschlichen Interessen gewichtet werden. Allerdings ist dies grundsätzlich in *allen* Bereichen der Mensch-Tier-Interaktion der Fall. Insofern stellt die Gentechnik in dieser Hinsicht keine neue oder besondere tierethische Herausforderung dar.

Anders verhält es sich mit den sogenannten *intrinsischen Bedenken*, die sich (zumindest auf den ersten Blick) nicht direkt gegen die Folgen eines bestimmten Eingriffs, sondern gegen die gentechnische Methode als solche richten. Es ist auffällig, dass die Formulierung dieser Bedenken häufig vergleichsweise vage ist. Sie scheint eher intuitiv, „aus dem Bauch heraus" zu erfolgen. Beklagt wird etwa der vermeintliche Versuch der Forscher „Gott zu spielen" und sich zu einer Position der Allmacht aufzuschwingen, die Unnatürlichkeit gentechnischer Modifikationen oder die damit vermeintlich einhergehende Verletzung der tierlichen Würde oder Integrität. Zwar findet man solche Einwände bisweilen auch gegenüber Handlungen, die nicht zum gentechnischen Kontext gehören (etwa im Hinblick auf die unnatürliche Haltung von Hühnern in Legebatterien). Aber interessanterweise treten intrinsische Bedenken gerade in der öffentlichen Wahrnehmung der Gentechnik sehr häufig auf und sind hier zugleich besonders hartnäckig.

Im Gegensatz zu den extrinsischen Einwänden wird die Plausibilität intrinsischer Bedenken von wissenschaftlicher und philosophischer Seite im Allgemeinen stark bezweifelt. Der Eindruck, dass es sich bei ihnen um reine Sentimentalitäten ohne rationale Grundlage handelt, kann leicht entstehen, da zur Stützung der intrinsischen Einwände häufig nur ihre Evidenz oder intuitive unmittelbare Einsichtigkeit vorgebracht wird.

Die Frage ist jedoch, ob aus ethischer Sicht tatsächlich *alle* intrinsischen Einwände irrelevant sind, oder ob zumindest einige von ihnen nicht vielmehr auf eine normative Lücke in den bestehenden tierethischen Konzepten hinweisen, die es zu schließen gilt.

Meiner Meinung nach sind viele der normalerweise als intrinsisch bezeichneten Bedenken durchaus tierethisch relevant. Sie erwecken nur deshalb den Eindruck, intrinsisch zu sein, weil sie über das subjektive Wohlergehen hinaus weitere und vielleicht ungewohnte normative Kriterien, z. B. eine Verletzung der tierlichen Integrität und des objektiven tierlichen Wohlergehens, moralisch berücksichtigen. Besonders die (zum Teil noch fiktiven) Möglichkeiten der gentechnischen Anpassung von Tieren an eine vom Menschen vorgegebene Umwelt – häufig verbunden mit einer Reduktion wesentlicher tierlicher Fähigkeiten wie z. B. der Flugfähigkeit, dem Nisttrieb oder dem Sehvermögen – führen zu einer Reihe von „neuen" tierethischen Einwänden, die in dieser Deutlichkeit im Hinblick auf die bisherigen Formen der Mensch-Tier-Interaktionen noch nicht aufgetreten sind. Diese nur scheinbar intrinsischen Bedenken richten sich daher nicht gegen die Gentechnik *per se*, sondern lediglich gegen bestimmte Fälle der gentechnischen Veränderung, die von vielen bekannten tierethischen Theorien nicht direkt erfasst bzw. bisher als moralisch unbedenklich eingestuft werden (vgl. Schmidt 2008).

Ich werde mich aber im Folgenden auf die „klassischen" intrinsischen Bedenken konzentrieren, die mit dem Verweis auf ihre unmittelbare Einsichtigkeit die Gentechnik (d. h. die gentechnische Methode) als solche ablehnen. Um die ethische Relevanz dieser Einwände besser abschätzen zu können, ist es hilfreich zunächst zu fragen, woher die verbreitete intuitive Ablehnung der Gentechnik kommen könnte.

## 8.3 Der Einfluss des Informationsbegriffs auf die öffentliche Wahrnehmung der Gentechnik

Meine These ist, wie eingangs erwähnt, dass die Entstehung vieler klassischer intrinsischer Bedenken zumindest partiell auf die Verwendung des Informationsbegriffs in einem alltagssprachlichen und metaphorischen Sinn zurückzuführen ist, indem der Informationsbegriff ein unzutreffendes bzw. verzerrtes (und häufig negatives) Bild von den genetischen Prozessen in Lebewesen entstehen lässt und so zu einer Überschätzung der Möglichkeiten der gentechnischen Veränderung von Tieren führt.

Ich möchte diese These anhand von fünf zentralen Aspekten des alltagssprachlichen Informationsbegriffs verdeutlichen, die (implizit oder explizit) sowohl in der öffentlichen Wahrnehmung der Gentechnik zu finden sind, als auch in den Versuchen der Genetiker, ihre Forschung anschaulich und allgemein verständlich zu präsentieren. Dabei hängen die einzelnen Punkte zum Teil eng zusammen und können nicht immer eindeutig getrennt werden.

### 8.3.1 Information ist untrennbar mit Wissen im Sinne von Verstehen, d. h. mit dem Einblick in bestimmte Inhalte, verbunden

Der Erhalt einer Information bedeutet im alltäglichen Gebrauch zugleich immer auch ein Verständnis der semantischen Seite der Information. Die Tatsache, dass dieses wesentliche Kennzeichen von Information im alltagssprachlichen Sinn auch bei der Verwendung des Begriffs der genetischen Information häufig mitschwingt, hat nicht zu unterschätzende Folgen. Denn schon bei der häufig als „Entschlüsselung" bezeichneten Sequenzierung des Genoms einer Tierart würden wir demnach nicht nur etwas über bestimmte molekularen Eigenschaften des Organismus erfahren. Vielmehr scheint die Rede von der Erbinformation darauf hinzudeuten, dass damit bereits alles bekannt ist, was es über den entsprechenden Organismus selbst zu wissen gibt oder was sich zu wissen lohnt – dass wir den Organismus nun tatsächlich *verstehen* können.

Die Folgen dieser Assoziation für die öffentliche Wahrnehmung der Gentechnik sind zweischneidig. Einerseits werden durch die Annahme einer direkten Verbindung der syntaktischen „Information" einer Gensequenz mit dem Wissen um Inhalte leicht falsche Hoffnungen geweckt. Besonders deutlich treten solche überzogenen Erwartungen im Hinblick auf die Sequenzierung des menschlichen Genoms und die Möglichkeiten und Versprechungen zur Heilung erblich bedingter Krankheiten des Menschen zutage. So sagt etwa Francis Collins, der Leiter des Human-Genom-Projektes, über die Bedeutung der Sequenzierung des menschlichen Genoms: „Wenn wir [...] verstehen wollen, was Krankheit ist und was Gesundheit, müssen wir das Genom verstehen. Keine Frage, dass dies das Hauptmotiv für den Versuch ist, die Sequenz aufzuspüren. Gleichzeitig erzählt uns die Sequenz [...] etwas über uns selber – in einem nicht-medizinischen Sinne: woraus wir gemacht sind."[2]

---

[2] Francis Collins in einem Interview mit der Süddeutschen Zeitung vom 13.1.2001 (zitiert nach Brandt 2004, S. 257).

Und auch im Hinblick auf die Erzeugung transgener Tiere lässt die wörtliche Auslegung der Informationsmetapher die Zukunft z. B. der Nutztierzucht in rosigem Licht erscheinen. So könnte etwa aus der Meldung, dass im Jahr 2004 das Erbgut des Bankiva-Huhns sequenziert wurde, geschlossen werden, dass damit die Erzeugung eines „transgenen Idealhuhns" in greifbare Nähe gerückt ist, welches nicht nur riesige Cholesterin-freie Eier legt, sondern auch perfekt an die Käfighaltung angepasst ist, indem es z. B. keinen Nisttrieb und keine Neigung zum gegenseitigen Federpicken zeigt.

Andererseits kann die unkritische Verwendung des Informationsbegriffs aber – aus den gleichen Gründen – auch zu einer Stützung verbreiteter intrinsischer Bedenken beitragen. Die Vorstellung eines umfassenden Wissens über ein Lebewesen bei gleichzeitiger Möglichkeit, dieses Wissen manipulativ zu nutzen, führt häufig zu einer gesteigerten Sorge vor einer Allmacht der Wissenschaft und zu dem Vorwurf, mit Hilfe des vollständigen Verständnisses der Mechanismen der Natur „Gott spielen zu wollen" oder sich anzumaßen, die Natur beherrschen zu können.

Bei einer solchen Interpretation des Informationsbegriffs werden jedoch wichtige biologische Aspekte übersehen. Zum einen führen nicht-genetische Faktoren wie z. B. Umwelteinflüsse oder epigenetische Phänomene (d. h. erbliche Abwandlungen des Phänotyps ohne Veränderung des Genotyps) sowie komplexe zelluläre Regulationsmechanismen dazu, dass eine bestimmte DNA-Sequenz in unterschiedlichen Zellen, unter anderen Umweltbedingungen oder zu unterschiedlichen Zeiten in der ontogenetischen Entwicklung eines Lebewesens auf ganz unterschiedliche Weise exprimiert bzw. die entsprechende RNA in unterschiedlicher Weise weiterverarbeitet wird.

Gerade bei transgenen Tieren ist es außerdem unerlässlich, den Einfluss des genetischen Milieus zu berücksichtigen, d. h. der anderen (und zum Teil artfremden) Gene und ihrer Produkte, mit denen ein bestimmtes Gen direkt oder indirekt zusammenarbeitet. Diese als Epistase bezeichnete Wechselwirkung unter Genen führt dazu, dass sich die Wirkung eines DNA-Abschnitts deutlich verändern kann, wenn dieser auf einen anderen Organismus bzw. in eine neue genetische Umgebung übertragen wird.

Die Resultate der gentechnischen Veränderung von Lebewesen sind daher oft überraschend und ganz anders als erwartet. So wurde z. B. in einem Versuch zu Haarstruktur und Haarentwicklung Mäusen DNA übertragen, die in Schafen an der Wollbildung beteiligt ist. Die transgenen Mäuse besaßen nun aber keineswegs, wie man vielleicht erwarten könnte, „wollige" Haare, sondern litten vielmehr unter Haarausfall und ihr Haar brach häufig, bevor es vollständig ausgebildet war (Holdrege 1999, S. 112).

Die Informationsmetapher entspricht also in diesem Punkt nicht der Komplexität des Genoms, die von wissenschaftlicher Seite mittlerweile durchaus anerkannt wird: Kein ernstzunehmender Genetiker würde wohl heute noch davon ausgehen, dass die Kenntnis einer genetischen Sequenz, der DNA-„Text" *allein* bereits alles über ein Lebewesen Wissenswerte enthält – und sei es nur auf der molekularen Ebene.

Dazu kommt: Auch wenn wir die Reihenfolge aller Basenpaare in einem Genom kennen, bedeutet das selbstverständlich noch nicht, dass wir aufgrund dieser „Information" im rein syntaktischen Sinn bereits *verstehen*, was der Inhalt dieser Information ist, d. h. welche Wirkung etwa ein Gen mit einer bestimmten DNA-Sequenz innerhalb eines Organismus ausüben kann.

Von einer „Entschlüsselung" der Erbinformation kann nach der Sequenzierung eines Genoms noch keineswegs die Rede sein. Die Forscher sind von einer „Allwissenheit" zu diesem Zeitpunkt noch denkbar weit entfernt. Die schwierigste und mühevollste Aufgabe steht nach der (heute weitgehend mechanisierten) Bestimmung der Basenreihenfolge noch aus: die Ermittlung der jeweiligen Funktionen der einzelnen Gene.

Die Informationsmetapher verführt also leicht zu einer Überschätzung der aktuellen Möglichkeiten der Gentechnik – im Guten wie im Schlechten.

### 8.3.2 Informationen sind übertragbar, sie können von einem Informationsträger zum nächsten weitergegeben werden

Die Herkunft einer Informationseinheit ist dabei nicht entscheidend, wichtig ist nur ihr Inhalt: Information ist Information, egal woher sie kommt.

Auch genetische Information muss, folgt man der Informationsmetapher, ontologisch gesehen gleich sein – unabhängig davon, von welcher Art sie stammt. Es hat daher zunächst den Anschein, als würde die Informationsmetapher in diesem Fall gerade in Richtung einer *Unbedenklichkeit* der Gentechnik weisen und intrinsische Bedenken eher entschärfen können. Wenn etwa einer Kuh ein menschliches Gen übertragen wird (z. B. weil sie im Rahmen eines „Genpharming"-Projektes menschliche Antikörper in die Milch abgeben soll), dann dürfte diese Handlung als solche keine auf den Informationsbegriff zurückgehenden intrinsischen Bedenken hervorrufen: Ihre eigene genetische Information wird lediglich um eine zusätzliche Informationseinheit ergänzt oder erweitert.

Andererseits existiert aber doch offenbar eine tief verwurzelte Sorge hinsichtlich der Vermischung des genetischen Materials unterschiedlicher Arten: Gerade die vermeintliche Unnatürlichkeit einer Überschreitung der Speziesgrenzen ist ein besonders häufig geäußerter intrinsischer Einwand.

Auf den ersten Blick ist es daher erstaunlich, dass auch aufgrund dieser ausgeprägten Bedenken nur selten die Informationsmetapher selbst kritisiert wird, obwohl diese doch die (anscheinend „natürlichen") Grenzen untergräbt. Die nahe liegende Überlegung – „Wenn die Rede von genetischer Information die Unterschiede zwischen den verschiedenen Spezies ignoriert, dann muss etwas mit dem Begriff der Information nicht stimmen" – wird in der öffentlichen Diskussion um die Gentechnik praktisch nie geäußert.

Der Grund für die Beibehaltung der Informationsmetapher trotz ihrer scheinbar kontraintuitiven Folgen ist meines Erachtens, dass die Überschreitung von Speziesgrenzen sehr wohl gegen eine verbreitete Vorstellung von Information in einem ganz speziellen Sinn verstößt: Im Hinblick auf die Natur wird die „Textgrundlage", das „Buch des Lebens" oder der Natur häufig als etwas „Heiliges", d. h. im normativen Sinn *Unveränderliches* verstanden. Die Information, die scheinbar in der Natur steckt, wird nicht als eine beliebige Information unter anderen angesehen, sondern als eine besondere, vor anderen ausgezeichnete Art der Information. Diese Vorstellung spiegelt sich auch in den Aussagen der Forscher selbst. So bezeichnet Francis Collins die „Entzifferung" des menschlichen Genoms nicht nur als eine besondere wissenschaftliche Erfahrung, sondern auch als eine spirituelle (Brandt 2004, S. 258). Deutlich zeigt sich hier „die Nähe des biowissenschaftlichen Code-Konzeptes zu den Vorstellungen von einer chiffrierten Natur, die sich dem Forschenden wie ein aufgeschlagenes Buch präsentiert, und zu dem religiösen Gehalt, der mit diesem Bildfeld über die Jahrhunderte verbunden war" (ebd.).[3]

Als natürlich könnte nach dieser Interpretation der genetischen Information nur die weitgehend unveränderte Weitergabe der Information von Generation zu Generation angesehen werden. Jede Organismusart hätte demnach ihren ganz eigenen Informationssatz (ihr eigenes „Kapitel" im Buch der Natur), das nicht mit dem einer anderen Art vermischt werden dürfte. Die Transgenität mit ihrer Möglichkeit einer Veränderung und Vermischung von DNA aus unterschiedlichen Spezies wäre dagegen aus dieser Sicht ein Verstoß gegen den natürlichen Prozess der Informationsweitergabe von einer Generation an die nächste. Die entsprechenden intrinsischen Bedenken könnten, je nach ideologischer Ausrichtung, gegen den Versuch, Gott zu spielen oder allgemein gegen die vermeintliche Unnatürlichkeit der Gentechnik gerichtet sein.

Dabei wird jedoch aus biologischer Sicht außer Acht gelassen, dass die genetische Information eben nicht unveränderlich ist, sondern den natürlichen Prozessen der Mutation und Rekombination unterliegt – das ist gerade der Kerngedanke der biologischen Evolution. Die Veränderung der DNA-Sequenz *als solche* ist daher keinesfalls unnatürlich, da das „Buch der Natur" auch ohne den Eingriff des Menschen in stetigem Wandel begriffen ist. Und auch für die Weitergabe von genetischer Information über Artgrenzen hinweg, den sogenannten horizontalen Gentransfer, gibt es in der Natur (besonders unter Bakterien) zahlreiche Beispiele.

### 8.3.3  Einzelne bedeutungstragende Informationseinheiten (z. B. Wörter oder Sätze in einem Buch) sind frei kombinierbar

Aufgrund der Informationsmetapher wird häufig erwartet, dass auch im Bereich der gentechnischen Veränderung von Tieren *beliebige* Kombinationen von tierlichen Eigenschaften möglich sind. Sobald die genetische „Informationsgrundlage" für ein bestimmtes Merkmal eines Organismus festgestellt wurde, sollte man dieses frei mit den Genen anderer Individuen und Spezies kombinieren und so jede denkbare Mischung aus erwünschten Eigenschaften, etwa die sprichwörtliche „eierlegende Wollmilchsau", erhalten können.

Besonders starke intrinsische Bedenken entstehen dabei, ähnlich wie beim zweiten Punkt, wenn die freie Kombinierbarkeit als eine Veränderung der Reihenfolge der Informationen im heiligen Buch der Natur interpretiert wird. Die Kritik richtet sich dann auch hier wieder gegen den vermeintlichen Allmachtsanspruch der Wissenschaft, ein Lebewesen besser machen zu können als die Natur.

---

3  Brandt weist jedoch zu Recht darauf hin, dass mit den Metaphern der „genetischen Information" und der „genetischen Schrift" deutlich unterscheidbare kulturelle Dimensionen verbunden sind: einerseits der relativ junge informationswissenschaftliche Kontext und andererseits „kulturelle Implikationen [...], die tief verwurzelt sind in einer jahrhundertelangen abendländischen Tradition, in welcher der Schrift – mit ihren religiösen Assoziationen – ein hervorgehobener Platz in der Erfassung von Welt zukommt" (Brandt 2004, S. 21).

Zwar muss die Vorstellung der freien Kombinierbarkeit nicht unbedingt zu einer solchen Ablehnung der Gentechnik *per se* führen. Sie fördert aber doch zumindest ein gewisses Grundmisstrauen gegen die Erzeugung transgener Lebewesen, indem sie an weit zurückreichende menschliche Ängste rührt. Denn aufgrund der vermuteten Fähigkeit der Gentechniker zur Kombination einzelner Merkmale von ganz unterschiedlichen Tierarten drohen plötzlich rein fiktive und zum Teil Jahrtausende alte Geschichten von Mischwesen, etwa der Chimäre im mythologischen Sinn, einem Lebewesen mit einem Löwen-, einem Ziegen- und einem Schlangenkopf, in den Bereich der Realität zu rücken.

Aus biologischer Sicht ist jedoch auch dieser Aspekt der Informationsmetapher problematisch. Zwar funktionieren tatsächlich viele Gene nach der Übertragung in einen anderen Organismus in ähnlicher Weise wie an ihrem Ursprungsort. Aber das gilt bei weitem nicht uneingeschränkt. Ich habe bereits auf die Bedeutung des genetischen Milieus hingewiesen, in dem ein Gen sich befindet: Die Wirkung eines Gens kann sich nur durch die Mithilfe zahlreicher anderer Gene entfalten. Ein bestimmter DNA-Abschnitt hat etwa innerhalb des Genoms eines Huhnes unter Umständen eine komplett andere Wirkung als im Genom einer Kuh.

Dazu kommt, dass der freien Kombinierbarkeit einzelner Gene auch durch entwicklungsbiologische Beschränkungen und bereits vorhandene morphologische Strukturen deutliche Grenzen gesetzt sind: Nicht jedes Merkmal könnte sich in jedem Tier im Laufe der Individualentwicklung ausbilden, auch wenn ein transgenes Tier Gene erhalten haben mag, die in einer anderen Spezies zur Ausbildung eben dieses Merkmals führen.

Es gibt nicht „das Gen" (oder die Gene) für Flügel, die ein transgenes Schwein fliegen lassen könnten. Gene funktionieren nicht als isolierte und frei kombinierbare Informationseinheiten, sondern immer nur im Hinblick auf das gesamte Genom.

Die eingeschränkten Möglichkeiten bei der Erzeugung transgener Tiere sprechen damit auch in dieser Hinsicht eindeutig gegen die Informationsmetapher, da diese wiederum zu einer Überschätzung der Gentechnik führt.

### 8.3.4 Informationen (im Sinne von „Botschaften") liefern eindeutige Anweisungen oder Auskünfte

Zumindest wenn der Begriff der Information im Singular (und damit nicht als eine von mehreren möglichen Informationen) verwendet wird, ist damit zugleich der Anspruch eines erschöpfenden Wissens verbunden: *Die* Information zu einem bestimmten Thema enthält im allgemeinen Sprachgebrauch alles Wesentliche, was zu dem Thema zu sagen ist. Mehrdeutigkeit oder das Vorhandensein von „Leerstellen" wird nicht mit Information verbunden.

Durch diese Assoziation unterscheidet sich der Begriff der genetischen Information entscheidend z. B. vom Begriff der „Erbanlagen". Denn die Gene erscheinen damit als strikte und eindeutige Instruktionen, die eine deterministische Sicht der Ontogenese eines Individuums nahe legen. Das Vorliegen einer genetischen Information muss aus dieser Sicht *unter allen Umständen* zu einem bestimmten Ergebnis führen. Die Gene *allein* scheinen für die Herausbildung der phänotypischen Eigenschaften verantwortlich zu sein, die Rolle nicht-genetischer Kausalfaktoren wird dagegen ausgeblendet (Godfrey-Smith/Sterelny 2007). Insgesamt deutet die Informationsmetapher also auf einen genetischen Reduktionismus hin.

Inwiefern kann diese Vorstellung zu intrinsischen Bedenken gegenüber transgenen Tieren beitragen? Zum einen entsteht in der öffentlichen Wahrnehmung leicht die Vorstellung einer Unausweichlichkeit, eines genetischen Schicksals jedes Individuums, das nicht beeinflusst werden kann. Dieses für viele Menschen sicher beängstigende Bild mag durchaus zu einer intuitiven Ablehnung gentechnischer Modifikationen beitragen, da die Forscher dabei für die transgenen Tiere die Rolle des Schicksals zu übernehmen scheinen.

Zum anderen besteht jedoch auch die gewichtigere Sorge, dass mit der mutmaßlich reduktionistischen Sicht des Genoms auch eine reduktionistische Sicht auf die Lebewesen selbst einhergeht. Eine häufig geäußerte tierethische Befürchtung ist daher, dass gerade *transgene* Tiere auf ihre Genbestandteile reduziert und nicht um ihrer selbst willen moralisch berücksichtigt werden. Die Kritik an der Gentechnik ist also oft eine Kritik an der vermeintlich reduktionistischen Haltung der Forscher. Bedenken dieser Art sind aus tierethischer Sicht unter Umständen höchst relevant, da sie auf die Gefahr einer Missachtung des normativen tierlichen Eigenwertes hinweisen.

Allerdings darf man nicht außer Acht lassen, dass der genetische Reduktionismus und vor allem die Ausblendung weiterer nicht-genetischer Kausalfaktoren auch aus wissenschaftlicher Sicht in zunehmendem Maße kritisiert werden, z. B. innerhalb des noch vergleichsweise jungen Forschungsgebietes der Evolutionären Entwicklungsbiologie (Hall 1999). Gerade die Forschung an transgenen Tieren deutet darauf hin, dass eine genetisch-reduktionistische Sichtweise die Vorgänge in lebenden Organismen nicht angemessen wiedergibt und dass vor allem die wichtige Rolle nicht-genetischer Faktoren bei der schlussendlichen Ausprägung eines bestimmten Merkmals dagegen spricht, genetische Information im Sinne eines in der DNA gespeicherten und eindeutigen „Wissens" zu verstehen.

### 8.3.5 Informationen können fehlerhaft weitergegeben oder falsch umgesetzt werden, wobei diese Fehler im Hinblick auf die Information sinnentstellend sein können

Ein alltägliches Beispiel für diesen normativen Aspekt des Informationsbegriffs sind Druck- oder Kopierfehler in einem Buch. Auch im Kontext der Genetik wird häufig ein normativer Anspruch erhoben: Genetische Information *sollte* in einer ganz bestimmten Weise exprimiert und weitergegeben werden, sie kann defekt oder fehlerhaft sein.

Diese normative Seite des Informationsbegriffs kann nun zu der falschen Vorstellung führen, dass es ein wesentliches Ziel der Erzeugung transgener Organismen ist, „Fehler" im Genom auszumachen und eventuell zu beseitigen (Holland 2001). Auf diesen wichtigen Punkt weist etwa Rehmann-Sutter hin:

„Wenn Funktionen in codierter Form auf der Ebene genetischer Information repräsentiert sind, und diese Ebene genetischer Information als kausal bestimmend angesehen wird, liegt es nahe zu versuchen, den Defekt auf der kausal tiefer liegenden Ebene zu korrigieren und den Zellen das betreffende DNA-Segment (also die ‚richtige Information') in richtiggestellter Form einzubauen" (Rehmann-Sutter 2005, S. 182).

Zu intrinsischen Bedenken führt dies vor allem im Hinblick auf eine mögliche Veränderung des menschlichen Genoms, die den vermeintlich zwangsläufigen nächsten Schritt zu einer umfassenden Optimierung bzw. Korrektur der Natur zu bilden scheinen. Aber schon durch nicht-menschliche transgene Lebewesen rückt eine beängstigende „Machbarkeit" der Natur in greifbare Nähe.

Aus biologischer Sicht ist jedoch auch dieser Aspekt der Informationsmetapher problematisch. Denn natürlich gibt es keinen genetischen Ur- bzw. Standardtext, mit dem das Genom eines bestimmten Individuums mehr oder weniger gut übereinstimmt und bei dessen Weitergabe genau zu bestimmende „Kopierfehler" ausgemacht werden könnten. Veränderungen der DNA-Sequenz (d. h. Mutationen) führen zwar häufig zu nachteiligen Folgen für den Organismus, aber sie sind gleichzeitig ein wesentlicher Faktor der Evolution. Es gibt keine höhere Instanz (schon gar nicht eine menschliche), die in jedem Fall eindeutig sagen könnte, an welcher Stelle tatsächlich ein Fehler vorliegt, der bereinigt werden sollte (Janich 2006, S. 98).

## 8.4 Schluss

Insgesamt lassen die dargestellten Bedenken, auch wenn man sie im Einzelnen nicht alle teilen mag, die *unkritische* Verwendung des Begriffs der genetischen Information gerade im Zusammenhang mit der gentechnischen Veränderung von Tieren als wenig hilfreich erscheinen.

Im alltagssprachlichen Sinn verstanden ist der Begriff „genetische Information" tatsächlich „nur" eine Metapher – auch wenn es durchaus gehaltvolle nichtmetaphorische Verwendungen als Fachbegriff geben mag. Zugleich trägt er entscheidend dazu bei, in der Öffentlichkeit ein falsches oder zumindest verzerrtes Bild von den Zielen und Möglichkeiten der Gentechnik zu zeichnen oder dieses zu festigen. Die eingangs erwähnte Kritik von Sarkar ist daher durchaus berechtigt. Dabei ist mit der Verwendung des Informationsvokabulars in der Biologie nicht nur ein Verständigungs- sondern auch ein Akzeptanzproblem verbunden: Viele intuitive Vorbehalte gegen die Gentechnik entstehen dadurch, dass der metaphorische Charakter des Informationsbegriffs und die Grenzen einer Analogie zwischen genetischer Information und Information im alltagssprachlichen Sinn nicht erkannt werden.

Im Gegensatz zu Bedenken gegenüber der Gentechnik, die sich etwa gegen die Verletzung der tierlichen Integrität richten, sind die Arten von intrinsischen Bedenken, die allein durch die Verwendung der Informationsmetapher entstehen bzw. durch diese verschärft werden, meines Erachtens nicht *als solche* moralisch relevant, da sie von weitgehend falschen Voraussetzungen ausgehen. Dafür liefern unter anderem die Ergebnisse der Forschung an transgenen Tieren eine Reihe von Hinweisen. Dennoch müssen die Einwände als ein intuitives Unbehagen ernst genommen werden, da dieses zu einer hartnäckigen und unter Umständen ungerechtfertigten pauschalen Ablehnung der Gentechnik führen kann. Um das zu vermeiden, sollte die Informationsmetapher, wenn überhaupt, zumindest in der öffentlichen Darstellung gentechnischer Forschungsvorhaben nur mit großer Vorsicht verwendet werden.

# Literaturverzeichnis

Black M. (1996): Die Metapher, in: Haverkamp A. (Hrsg.): *Theorie der Metapher*, Darmstadt: Wissenschaftliche Buchgesellschaft, S. 55–79.

Brandt C. (2004): *Metapher und Experiment. Von der Virusforschung zum genetischen Code*, Göttingen: Wallstein.

Dretske F. (1988): *Explaining Behaviour*, Cambridge: MIT Press.

Godfrey-Smith P./Sterelny K. (2007): Biological Information, in: *Stanford Encyclopedia of Philosophy*, auf: http://plato.stanford.edu/entries/information-biological/ (gesehen am: 18.11.2008).

Hall B. (1999): *Evolutionary Developmental Biology*, Dordrecht: Kluwer.

Holdrege C. (1999): *Der vergessene Kontext. Entwurf einer ganzheitlichen Genetik*, Stuttgart: Verlag Freies Geistesleben.

Holland A. (2001): Am Anfang war das Wort. Eine Kritik von Informationsmetaphern in der Genetik, in: Weber M./Hoyningen-Huene P. (Hrsg.): *Ethische Probleme in den Biowissenschaften*, Heidelberg: Synchron, S. 93–105.

Janich P. (2006): *Was ist Information?*, Frankfurt/M.: Suhrkamp.

Kay L. E. (2005): *Das Buch des Lebens*, Frankfurt/M.: Suhrkamp.

Rehmann-Sutter C. (2005): *Zwischen den Molekülen. Beiträge zur Philosophie der Genetik*, Tübingen: Francke.

Sarkar S. (2005): *Molecular Models of Life. Philosophical Papers on Molecular Biology*, Cambridge: MIT Press.

Schmidt K. (2008): *Tierethische Probleme der Gentechnik. Zur moralischen Bewertung der Reduktion wesentlicher tierlicher Eigenschaften*, Paderborn: Mentis.

# 9 Regelungsbedarf für ein Gendiagnostikgesetz

*Jürgen Simon und Jürgen Robienski*

## 9.1 Einführung

Das Thema „Regelungsbedarf für ein Gendiagnostikgesetz" scheint auf den ersten Blick mit der Thematik „Was bedeutet genetische Information?" wenig Gemeinsames zu haben. Gleichwohl liegt auch der juristischen Regelung eine Definition von genetischer Information zugrunde, die nicht unbedingt der biologischen Bedeutung oder Definitionen anderer naturwissenschaftlicher Diskurse folgt. Dabei liegt der Fokus dieses Beitrags vor allem auf dem Regelungsbedarf und weniger auf der Bedeutung der genetischen Information, der allerdings, unabhängig von dem hier erörterten Thema, im Rahmen anderer Beiträge dieses Sammelbandes nachgegangen wird.

Einige grundsätzliche Anmerkungen sollen zur Einführung in das Thema dennoch gemacht werden, die diejenigen rechtlichen Prinzipien betreffen, um die es grundlegend bei der Handhabung genetischer Informationen geht. Diese Prinzipien sind als allgemeine Regeln zu verstehen, denen Gesetzeskraft verliehen werden kann, wenn allgemein relevante Werte oder Interessen geschützt werden sollen. Deshalb müssen diese Prinzipien in Rechte umgesetzt werden, um den Schutz effektiv zu gestalten.

## 9.2 Zum grundlegenden Umgang mit genetischen Informationen und Daten

Das individuelle menschliche Genom hat zwei Elemente: ein materielles, das DNA-Molekül als physische Basis, und ein immaterielles, das die Information darstellt, die in den Genen enthalten ist. Aus beiden Elementen lassen sich weitreichende rechtliche und ethische Schlussfolgerungen ziehen.

Hinsichtlich der materiellen Elemente, also der Seite des Körpers, geht es um dessen Verfügbarkeit und die Verfügbarkeit seiner Teile, so zum Beispiel konkret um die Patentierbarkeit menschlicher Gene. Hinsichtlich des immateriellen Elements geht es um die Rechte, die angemessenen, also rechtswirksamen Schutz für das Rechtssubjekt und für seine Interaktion mit anderen Rechten und Rechtsträgern gewährleisten sollen, zum Beispiel im familiären Zusammenhang.

Im Hinblick auf die Umsetzung grundlegender Prinzipien in rechtliche Kategorien ist eine weitere Unterscheidung erforderlich, nämlich die zwischen der Information in den Genen und der Repräsentation dieser Information. Die erste wird „genetische Information" genannt, die zweite „genetische Daten" (Nicolas 2007). Der Unterschied zwischen beiden ist unter anderem, dass von diesem Blickwinkel aus genetische Information ein „Konzept der Natur" ist, das alle besitzen. Daten sind dagegen die Informationen, zu denen Zugang bestehen kann, die übertragen oder gesammelt werden können usw. In der Rechtswissenschaft ist eine konsequente Trennung dieser beiden Bedeutungen der genetischen Information erforderlich. Unterschiede werden zum Teil trotz rechtlicher Gleichsetzung deutlich, zum Beispiel, wenn in der Empfehlung des Europarats Nr. R (92) 3 zum genetischen Testen und Screening zu Gesundheitszwecken festgestellt wird, dass Proben und Körpergewebe Träger von „Informationen" sind, die in derselben Weise wie Gesundheitsdaten behandelt werden müssen (Europarat 1992).

Das grundlegende Problem, auf das eingangs hingewiesen wurde, ist, die biologische Realität in rechtliche Kategorien zu fassen und sie entsprechend im Rechtssystem zu regeln. Das kann in unterschiedlichen Rechtskulturen zu verschiedenen Regulierungen ebenso wie zu Unterschieden in der historischen Entwicklung führen. Ein wesentlicher Grund dafür ist, dass die Rechtswissenschaft eine Sozialwissenschaft ist und insofern der Transfer von einer (vermeintlich objektiven) Naturwissenschaft in soziale Sachverhalte kein zwingend logischer Prozess ist, sondern auf unterschiedliche Weise geregelt werden kann.

Dies lässt sich in Deutschland leicht durch den Rückgriff auf die alte Diskussion veranschaulichen, die über die Frage geführt wurde, auf welche Weise genetische Daten aus verschiedenen Quellen gewonnen werden können und ob sie trotzdem rechtlich unterschiedlich behandelt werden sollen.

Das gilt zum Beispiel für Daten aus Molekularanalysen oder die Frage nach der Familiengeschichte, wie bei privaten Krankenversicherungen. Konkret: Sollen Daten aus einer dieser Quellen in gleicher Weise geschützt werden? In Belgien zum Beispiel werden Daten über Brustkrebs bei Frauen rechtlich unterschiedlich bewertet, je nachdem, ob sie durch tradierte medizinische oder durch gendiagnostische Untersuchungen gewonnen wurden. Auch in der deutschen Rechtsprechung lässt sich eine solche unterschiedliche Bewertung feststellen. So hat das Verwaltungsgericht Darmstadt zur Beantwortung der Frage, in welchem Umfang diagnostische Untersuchungen eines Beamtenanwärters zulässig sind, auf den „Stand der Technik" in der Diagnostik abgestellt. Die Familienanamnese einschließlich der Erfassung erbgenetischer Krankheiten wird danach ausdrücklich als erforderliches und zulässiges Diagnostikmittel angesehen, die gendiagnostische Untersuchung indes nicht (Verwaltungsgericht Darmstadt v. 24.06.2004, 1 E 470/04). Eben diese Frage nach einem gleichgearteten Schutz stellt sich auch für biologische Proben, oder ob dafür eine spezifische Regulierung nötig ist.

Diesen Fragen ist vielfältig nachgegangen worden (Europäische Kommission 2004; Schmitz 2005; Kollek/Lemke 2007; Damm/König 2008), sodass sich eine erneute Diskussion an dieser Stelle erübrigt. Wichtiger in unserem Kontext ist, dass auf der Grundlage der tradierten Kategorie der persönlichen Daten ein Recht auf Datenschutz gegeben ist, auch für Gesundheitsdaten, in die genetische Daten einbeschlossen sind (BVerfG 117, 202 (228); BVerfG 103, 21 (32)). Auch hier stellt sich allerdings immer wieder die Frage nach einer besonderen rechtlichen Behandlung wegen ihres „intimen" Charakters.

Dies vorausgesetzt, ergibt sich als weitere Überlegung, dass der zuständige Gesetzgeber eine Fülle grundlegender Herausforderungen zu bewältigen hat, wenn er, damit sind wir beim Thema unmittelbar angelangt, ein Gendiagnostikgesetz auf den Weg bringen will. Damit ist jedoch nicht gesagt, dass er die eingangs aufgeworfenen

Fragen überhaupt ins Auge gefasst hat. Es ist also schon von dieser Seite zu erwarten, dass ein Gendiagnostikgesetz wesentliche Aspekte außer Acht lassen wird.

## 9.3 Brauchen wir ein Gendiagnostikgesetz?[1]

Im deutschen Recht fehlt es nach wie vor an einer einheitlichen gesetzlichen Regelung zur genetischen Diagnostik. Regelungen, welche die genetische Diagnostik betreffen, finden sich vielmehr – teils versteckt – in einer Vielzahl verschiedener Gesetze, die teilweise nur auf Landesebene Geltung haben. Eine besondere Bedeutung kommt dabei den vorrangigen Rechtsakten der Europäischen Gemeinschaft zu. Unmittelbar relevant für die genetische Diagnostik sind die Datenschutzgesetze und die (Muster-)Berufsordnung für die deutschen Ärztinnen und Ärzte (MBO-Ä), die Krebsregistergesetze sowie das Strafgesetzbuch (StGB). Daneben sind noch Transfusionsgesetz, Transplantationsgesetz, Stammzellgesetz, Embryonenschutzgesetz und Krankenhausgesetze in bestimmten Fällen einschlägig. Ferner sind auf untergesetzlicher Ebene verschiedene Richtlinien der Bundesärztekammer und im Bereich der gesetzlichen Krankenversicherung der jeweils gültige Einheitliche Bewertungsmaßstab (EBM) relevant.

Fast zwanzig Jahre zurück reichen die ersten Überlegungen zu einem Gentest- bzw. Gendiagnostikgesetz, um die damit verbundenen Sachverhalte zusammen zu regeln (Simon 2005, S. 176). Es wurden dazu schon mehrere Gesetzesentwürfe in den Deutschen Bundestag eingebracht. Gleichwohl ist es aus verschiedenen Gründen nach wie vor zu keiner einheitlichen Regelung gekommen.

In den letzten Jahren schien zunächst die Koalitionsvereinbarung zwischen SPD und Bündnis 90/Die Grünen vom Oktober 2002, derzufolge der Umgang mit genetischen Untersuchungen in einem Gesetz geregelt werden sollte, dafür zu sprechen, dass es zu einem Gesetz kommen würde. Dafür sprach auch die seit zwei Jahrzehnten bestehende große Sensibilität der Bevölkerung gegenüber der Gendiagnostik im Arbeitsleben sowie der Versicherungswirtschaft und dann die wachsende Diskussion über die Zulässigkeit von Vaterschaftstests.

Der Entwurf mit Eckpunkten wurde ab Herbst 2004 diskutiert (Hasskarl/Ostertag 2005) und sollte vorerst mit Experten und Verbänden abgestimmt werden. Seine Zielsetzung entsprach der des Gentechnikrechts, nämlich ein hohes Schutzniveau angesichts der Sensibilität der Daten bei gleichzeitiger Gewährleistung der Forschung zu realisieren. Konkret ging es um die Achtung der Menschenwürde, der Gesundheit und der informationellen Selbstbestimmung sowie in § 4 GenDG-E um die Verhinderung genetischer Diskriminierung (Lemke 2005; Paslack/Simon 2005). Geregelt werden sollten zunächst prä- und postnatale Gendiagnostik, aber nicht die Präimplantationsdiagnostik und genetische Untersuchungen im Rahmen von Strafverfahren.

Der Entwurf gliederte sich in genetische Untersuchungen zu medizinischen Zwecken, zu Zwecken der Lebensplanung, zur Klärung der Abstammung, im Versicherungsbereich und im Arbeitsleben sowie zu Zwecken wissenschaftlicher Forschung. Wichtig waren die Einhaltung von Qualitätsstandards (§ 6), umfassende Aufklärung

---

[1] Inzwischen hat der Deutsche Bundestag das Gendiagnostikgesetz verabschiedet (BGBl I S. 2529). Es soll ingesamt am 1.2.2010 in Kraft treten.

und Beratung (§§ 11, 27), wirksame Einwilligung (§§ 10, 26) sowie die Garantie des Rechts auf Nichtwissen und der jederzeitige Widerruf der Einwilligung. Neben dem Arztvorbehalt (§ 9) und der schriftlichen Bewertung von genetischen Diagnosen auf Landesebene durch eine unabhängige Ethik-Kommission sind die engen datenschutzrechtlichen Beschränkungen nach §§ 14 ff., 28 und 31 ff. hervorzuheben. Bei privaten Versicherungen sollten gendiagnostische Untersuchungen lediglich bei der Absicherung von Lebensrisiken erlaubt sein (§ 22); private Arbeitgeber sollten von ihren Beschäftigten grundsätzlich keine Ergebnisse schon vorliegender Tests verlangen dürfen, auch nicht deren Vornahme, abgesehen von Ausnahmefällen, wenn bestimmte Tätigkeiten oder ein bestimmter Arbeitsplatz zu schwerwiegenden Erkrankungen führen können (§§ 23 ff.).

Als problematisch erwies sich, dass ein Forschungsgeheimnis nicht geregelt war, sodass ein Zugriff des Staates unter bestimmten Voraussetzungen auf Material und Daten jederzeit möglich schien. Jedenfalls wurde die Umsetzung dieses Entwurfs allein schon wegen der vorgezogenen Wahlen nicht weiterverfolgt.

In der folgenden Legislaturperiode haben Bündnis 90/Die Grünen im Jahr 2006 einen Entwurf eines Gendiagnostikgesetzes vorgelegt (Bt-Drs. 16/3233). In den wesentlichen Grundsätzen schienen sie sich mit der SPD zumindest darüber einig zu sein, dass es Ziel eines solchen Gesetzes sein sollte, „den mit der genetischen Untersuchung menschlicher genetischer Eigenschaften verbundenen möglichen Gefahren für die Achtung und den Schutz der Menschenwürde, die Gesundheit und die informationelle Selbstbestimmung zu begegnen, eine genetische Diskriminierung zu verhindern und gleichzeitig die Chancen des Einsatzes genetischer Untersuchungen für den einzelnen Menschen wie auch für die Forschung zu wahren" (ebd.).

Über den Eckpunkteentwurf der rot/grünen Koalition hinaus sollten heimliche Abstammungstests verboten und im Versicherungs- und Arbeitsbereich die Schutzbestimmungen gegenüber dem Koalitionsentwurf nochmals verschärft werden. Besonderes Gewicht wurde auf die Regelung der Forschung und dabei der genetischen Forschung an Minderjährigen gelegt. Zum Schutz der Privatsphäre sollte gesetzlich normiert werden, dass eine Weitergabe von genetischen Untersuchungs- oder Forschungsergebnissen an die Polizei nicht erfolgen darf. Damit wären entsprechende, schon lange von der Forschung erhobene Forderungen grundsätzlich eingelöst.

Der Deutsche Bundestag hatte am 24. Mai 2007 über diesen Gesetzentwurf debattiert und ihn dann zur weiteren Bearbeitung an die Ausschüsse verwiesen. Sowohl die Koalitionsparteien als auch die Opposition haben bei weitgehender inhaltlicher Einmütigkeit bekräftigt, das Gesetz in dieser Legislaturperiode verabschieden zu wollen (BT, Plenarprotokoll 16/100). Hierzu ist es indes nicht gekommen.

Die große Koalition hat mittlerweile einen neuen Gesetzesentwurf für ein Gendiagnostikgesetz in den Bundestag eingebracht (Bt-Drs 16/10532). Auch dieser Entwurf regelt genetische Untersuchungen zu medizinischen Zwecken, zur Klärung der Abstammung, im Versicherungsbereich und im Arbeitsleben. Genetische Untersuchungen zu Zwecken der Lebensplanung sowie zu Zwecken wissenschaftlicher Forschung und die Präimplantationsdiagnostik werden indes nicht mehr geregelt.

Auch in diesem Entwurf werden die Einhaltung von Qualitätsstandards (§§ 5, 23), umfassende Aufklärung und Beratung (§§ 9, 10), wirksame Einwilligung (§§ 8) sowie die Garantie des Rechts auf Nichtwissen und der jederzeitige Widerruf der Einwilligung geregelt. Neben dem Arztvorbehalt (§ 7) finden sich auch enge datenschutzrechtliche Beschränkungen (§§ 11–13). Bei privaten Versicherungen sollen gendiagnostische Untersuchungen lediglich bei der Absicherung von Lebensrisiken (Leben, Berufsunfähigkeit, Rente) mit hohen Versicherungssummen erlaubt sein (§ 22); private Arbeitgeber sollten von ihren Beschäftigten grundsätzlich keine Ergebnisse schon vorliegender Tests verlangen dürfen, auch nicht deren Vornahme, abgesehen von Ausnahmefällen, wenn bestimmte Tätigkeiten oder ein bestimmter Arbeitsplatz zu schwerwiegenden Erkrankungen führen können (§§ 23 ff.). Diese Schutznormen sollen nunmehr auch auf Beamte Anwendung finden.

Noch ist der Entwurf allerdings nicht verabschiedet. Vielen geht er auch nicht weit genug. Der Bundesrat hat in seiner Stellungnahme einen Katalog mit 32 überwiegend beschränkenden Änderungsforderungen vorgelegt. Insbesondere die Tatsache, dass die Bundesregierung genetische Untersuchungen zu Zwecken der Forschung aus dem Anwendungsbereich des Gendiagnostikgesetzes ausnehmen will und kein Verbot der Weitergabe der genetischen Daten an die Polizei, mithin ein Forschungsgeheimnis, eingeführt werden soll, stößt auf heftige Kritik. Die Grünen haben daher angekündigt, den Entwurf scheitern zu lassen. Die Bundesregierung ist der Kritik zunächst weitestgehend entgegen getreten. Indes streiten mittlerweile auch die Koalitionsparteien wieder über Einzelfragen des Entwurfs. So will die CDU/CSU nunmehr genetische Untersuchungen am Kind im Mutterleib, die Aufschluss über spätere Krankheitsrisiken geben, verbieten (Pressemappe Rheinische Post vom 14.02.2009). Angesichts der bevorstehenden Bundestagswahl ist es danach erneut mehr als fraglich, ob es zur Verabschiedung des Gesetzesentwurfes kommen wird. Dies ist vermutlich auch nicht die schlechteste Alternative, da es dringend nötig ist, weitere Regelungserfordernisse zu berücksichtigen.

Nach der Vielzahl kritischer Stellungnahmen müsste das Gesetz erheblich weiter gefasst werden als bisher geplant. Ein zentraler Aspekt betrifft die Frage des „genetischen Exzeptionalismus", also die Überlegung, ob und inwieweit für genetische Untersuchungen eine spezielle Regelung überhaupt geschaffen werden sollte. Es wird weitgehend die Ansicht vertreten, dass genetische Diagnosen ebenso zu behandeln seien wie andere Untersuchungen (Europäische Kommission 2004, S. 32–36; Schmitz 2005). In diesem Kontext wäre es ein zusätzlicher wichtiger Gesichtspunkt, die Erkenntnisse der schweizerischen und niederländischen Gesetzgeber zur „Forschung am Menschen" zu berücksichtigen, um so einen umfassenderen Blickwinkel zu erhalten. Die inzwischen zentrale Problemstellung der Biobanken sollte ebenfalls einbezogen werden (Simon et al. 2006). Dies gilt umso mehr, als sich in den letzten 5 Jahren gravierende Veränderungen der materiellen und strukturellen Entwicklung von Forschungsbiobanken vollzogen haben, die bislang in der Diskussion um ein Gendiagnostikgesetz noch keine Berücksichtigung gefunden haben (Kollek 2008, S. 3 ff.). Der Deutsche Ethikrat hat sich aufgrund dieser Entwicklung entschlossen, die Stellungnahme des Nationalen Ethikrates zu Biobanken aus dem Jahr 2004 zu überprüfen und im 2. Quartal des Jahres 2009 eine neue Stellungnahme hierzu herauszugeben. Von maßgeblicher Bedeutung ist dabei, dass der Deutsche Ethikrat eine konkrete und unmittelbare Gefahr für den Datenschutz bezogen auf genetische Daten der Probanden erkennt (ebd.).

Insgesamt ist daher die kritische Frage angebracht, was mit einem Gendiagnostikgesetz, das so erhebliche Mängel hat, tatsächlich gewonnen wäre. Man könnte resignierend meinen, dass der Gesetzgeber, wenn er sich denn auf die Schiene gebracht hat, nicht mehr davon wegzubringen ist. Tatsache ist, dass man hier ein Problemfeld selektiert, aber insgesamt wird durch dessen Regulierung wenig gewonnen, weil der Blick aufs Große und Ganze fehlt. Man könnte also auch formulieren, dass am besten so wenig wie möglich geregelt werden sollte, damit kein größerer Flurschaden angerichtet wird. Der derzeitige Entwurf des Gesetzes bekräftigt jedenfalls den „genetischen Exzeptionalismus", wobei man eigentlich ansonsten feststellen kann, dass genetische Untersuchungsergebnisse mit medizinischen gleichzusetzen sind. Und wenn schon der Blick auf Gewebesammlungen und Biobanken fehlt, warum dann überhaupt ein solches Gesetz?

Drei grundlegende Regelungsfelder der Gesetzentwürfe sollen hier genauer erörtert werden:

1. Genetische Diagnostik am Arbeitsplatz:
   Wir können feststellen, dass der Arbeitnehmerschutz im Hinblick auf die Erhebung medizinischer und genetischer Daten nach überkommenen Grundsätzen sehr gut funktioniert. Insbesondere die Rechtsprechung hat hier bislang stets zur Aufrechterhaltung eines hohen Schutzniveaus beigetragen. Vor dem Hintergrund der Dopingproblematik im Sport – ein Bereich, auf den nicht selten ebenfalls das Arbeitsrecht Anwendung findet – stellt sich eher die Frage, ob es nicht geboten wäre, zum Schutze der gesellschaftlichen Funktion des Sports und zugleich der Interessen der Arbeitgeber im Bereich des Sports, eine Ermächtigungsgrundlage zu schaffen, die eine Pflicht des Sportlers als Arbeitnehmer begründet, im Falle eines Dopingverdachts sich auch Blutuntersuchungen einschließlich genetischer Untersuchungen zu unterziehen. Der GenDG-E lässt dies indes nicht zu und behindert damit den berechtigten Kampf gegen Doping im Sport. Der Entwurf schafft jedenfalls nur einen marginal verbesserten Arbeitnehmerschutz. Dieser wird nunmehr gesetzlich fixiert; die wenigen Ausnahmen werden konkretisiert. Zugleich werden indes notwendige Anpassungen an negative gesellschaftliche Entwicklungen erschwert.

2. Genetische Diagnostik in der Versicherung:
   Im Versicherungsbereich existiert bereits eine lang andauernde Selbstverpflichtung, die von der Versicherungswirtschaft vermutlich verlängert wird. Der Nationale Ethikrat hat sich zu dieser Problematik ausführlich in seiner Stellungnahme „Prädiktive Gesundheitsinformationen beim Abschluss von Versicherungen" vom Februar 2007 geäußert (Simon 2001; Nationaler Ethikrat 2007). Sofern die Versicherungswirtschaft sich weiterhin an ihre Selbstverpflichtung hält und die Rechtsprechung diese beachtet, sieht er keine Notwendigkeit für eine umfassende gesetzliche Regelung.
   Auch die Rechtsprechung gewährleistet bereits ein hohes Schutzniveau. So hatte das Landgericht Bielefeld in seiner Entscheidung vom 14.02.2007 festgestellt (LG Bielefeld, 25 O 105/06), dass Leistungsverweigerung und Rücktritt einer privaten Krankenzusatzversicherung von einem Krankenversicherungsvertrag rechtswidrig bzw. unwirksam sind, weil sich die Versicherungswirtschaft mit ihrer freiwilligen Selbstverpflichtungserklärung verpflichtet hat, bis 2011 weder Gentests zur Voraussetzung eines Vertragsabschlusses zu machen, noch von ihren Kunden zu verlangen, freiwillige Gentests vorzulegen und insoweit ausdrücklich auf die im Versicherungsvertragsgesetz verankerte Anzeigepflicht verzichtet hat. Bei der grundsätzlichen Unverwertbarkeit des Befundes eines Gendefektes (im Streitfall:

Thalassaemia minor) müsse es nach Ziel und Inhalt der freiwilligen Selbstver-pflichtungserklärung auch dann bleiben, wenn der genetische Defekt und die da-durch hervorgerufenen genetischen Veränderungen auch anders als durch einen Gentest, etwa durch eine Blutuntersuchung, feststellbar sind oder festgestellt wor-den sind. Allein die Diagnosemethode, durch die die genetische Veränderung festgestellt wird, ändert nichts daran, dass nach der Selbstverpflichtung der Be-fund der genetischen Veränderung nicht bei der Risikobewertung verwertet wer-den darf.

Das Oberlandesgericht Hamm hat die Entscheidung des Landgericht Bielefeld indes wieder aufgehoben (OLG Hamm, 20 U 64/07). Das Oberlandesgericht Hamm erkennt zwar grundsätzlich die Selbstverpflichtungserklärung im Hinblick auf prädiktive gendiagnostische Untersuchungen an, definiert prädiktive gendia-gnostische Untersuchungen aber sehr eng. Von einem prädiktiven gendiagnosti-schen Test sei nur auszugehen, wenn dieser der Feststellung erblicher Veranla-gung für eine noch nicht klinisch manifestierte Erkrankung diene. Werde nach den Ursachen einer bereits bestehenden, sich manifestierten Krankheit gesucht, liege nur ein diagnostischer Test vor. Da es nicht Sinn der Selbstverpflichtungs-erklärung sei, seitens der Versicherer auf die Offenbarung bereits bestehender Krankheiten zu verzichten, müsse der Versicherungsnehmer hierüber Auskunft erteilen.

Die Entscheidung des Oberlandesgericht Hamm scheint die Wirksamkeit der Selbstverpflichtungserklärung auf den ersten Blick in Frage zu stellen. Indes ist zu beachten, dass die Entscheidung des Oberlandesgericht Hamm daran anknüpft, dass die Krankheit der Versicherungsnehmerin sich bereits klinisch manifestiert hatte und behandelt worden war. Da es bei Abschluss einer Kranken- oder Le-bensversicherung erlaubt ist, Auskunft über den gesundheitlichen Zustand des Versicherungsnehmers zu verlangen und für größere Lebensversicherungen so-gar ärztliche Untersuchungen verlangt werden dürfen (Deutsch/Spickhoff 2008, Rn. 1136), ist nicht zu beanstanden, wenn bereits manifestierte und behandelte Krankheiten, auch wenn diese genetisch bedingt sind, berücksichtigt werden.

Soweit es die privaten Krankenversicherungen betrifft, können wir zudem feststel-len, dass der Gesetzgeber durch andere gesetzgeberische Maßnahmen den Kreis derjenigen, die überhaupt in die private Krankenversicherung wechseln dürfen, erheblich eingeschränkt hat, sodass sich die Überlebensfrage dieses Versiche-rungsmodells stellt.

Die geplante gesetzliche Regelung entspricht jedenfalls im Wesentlichen dem Regelungsgehalt der Selbstverpflichtung, wobei sie den Versicherern im Hin-blick auf die summenmäßige Begrenzung weitergehende Rechte einräumt als ihnen nach ihrer Selbstverpflichtungserklärung zustehen. Auch der Problemfall des Oberlandesgericht Hamm würde danach vermutlich nicht anders behandelt werden können, denn auch die neue Regelung zielt nicht darauf ab, bereits mani-festierte und behandelte Krankheiten von der Berücksichtigung auszuschließen.

3. Abstammungsuntersuchungen:
   Verfahren zur Feststellung der Vaterschaft sind bereits seit Jahren in gewissem Umfang gesetzlich geregelt. Bisher konnte der vermeintliche Kindesvater bei Zweifeln über seine Vaterschaft lediglich ein Verfahren eröffnen, an das wei-tere rechtliche Folgen geknüpft sind, nämlich das Anfechtungsverfahren nach

§§ 1600 ff. BGB. In diesem Verfahren soll die rechtliche Vaterschaft beendet werden. Dies ist aber ein weiterer Schritt als lediglich der Wunsch des Vaters zu wissen, ob das Kind wirklich von ihm abstammt.

Seit dem Aufkommen entsprechender Testverfahren sind Abstammungsuntersuchungen im Familienrecht, insbesondere mit Blick auf heimliche Abstammungsuntersuchungen außerhalb des gesetzlich normierten Verfahrens, heftig umstritten (Rittner/Rittner 2002). Auf der einen Seite wird von Befürwortern heimlicher Tests vorgebracht, dass das Unterschieben eines Kindes nach § 169 StGB eine Straftat sei und der Mann das Recht auf Aufklärung seiner Vaterschaft haben müsse und auch die Möglichkeit, dieses Recht durchzusetzen, ohne mit Hilfe einer Anfechtungsklage feststellen zu müssen, ob er der Vater ist. Auf der anderen Seite wird argumentiert, dass ein heimlicher Test das Persönlichkeitsrecht von Mutter und Kind verletze.

Die Rechtsprechung hat zwischenzeitlich nach einem längeren Weg über die Instanzen (vgl. BGH 2005 XII ZR 227/03; Rittner C. 2005; Rittner C./Rittner N. 2005) durch das Bundesverfassungsgericht eindeutig geklärt, dass heimliche Vaterschaftstests rechtswidrig sind und daher in einem gerichtlichen Verfahren zur Feststellung der Vaterschaft einem Beweisverwertungsverbot unterliegen, weil heimliche Vaterschaftsfeststellungstests das Recht auf informationelle Selbstbestimmung des Kindes verletzen (BVerfG, 1 BvR 421/05).

Mit seiner jüngsten Entscheidung zu Abstammungsuntersuchungen im Familienrecht hat das Bundesverfassungsgericht indes die Rechte des Vaters gestärkt, und dem Gesetzgeber aufgegeben ein geeignetes Verfahren allein zur Feststellung der Vaterschaft – also ohne gleichzeitige Anfechtung – zu schaffen, um das Recht des Vaters auf Kenntnis der Abstammung seines Kindes von ihm zu gewährleisten (ebd.). Mit § 1598 a BGB hat der deutsche Gesetzgeber diese gesetzliche Regelung mittlerweile geschaffen.

Der Gesetzesentwurf schafft hier kaum eine Verbesserung. Außer einer Regelung zum Erfordernis der informierten Einwilligung, einem Arztvorbehalt und der Schaffung eines bußgeldbewährten Ordnungswidrigkeitentatbestandes im Falle der heimlichen Abstammungsuntersuchung wurde das Schutzniveau nicht erhöht.

Bemerkenswert ist, dass die höchst umstrittenen Abstammungsuntersuchungen im Ausländerrecht indes nur rudimentär geregelt wurden. Geregelt wurde im Prinzip nur das „Wie", mithin das Verfahren der Abstammungsuntersuchung. Eine konkrete Ermächtigungsgrundlage, welche es der Ausländerbehörde oder Botschaft konkret erlaubt, eine Abstammungsuntersuchung z. B. vor einem Familiennachzug zu verlangen, wurde nicht geregelt. Gerade diese Frage ist aber höchst umstritten und wäre daher regelungsbedürftig gewesen.

Im medizinischen Bereich wird die Präimplantationsdiagnostik nach aktueller Rechtlage mit Blick auf das Embryonenschutzgesetz als rechtswidrig angesehen, während die Pränataldiagnostik und nachgeburtliche prädiktive genetische Untersuchungen als zulässig betrachtet werden. Die daraus gewonnenen genetischen Daten werden durch die allgemeinen gesetzlichen Regelungen bereits in ausreichendem Maße auf einem hohen Schutzniveau geschützt. Mit der Umsetzung der Geweberichtlinie sind neue Datenschutz- und Qualitätssicherheitsregeln im medizinisch-therapeutischen Bereich eingeführt worden, die ebenfalls auch für genetische Daten gelten. Im Übrigen gibt es das Medizinproduktegesetz für diagnostische Instrumente, welches bereits gewisse Qualitätsstandards für die genetische Diagnostik setzt.

Was also bleibt, was nicht im Bedarfsfall in spezifischen Einzelgesetzen geregelt werden könnte? In vielen kontrovers diskutierten Bereichen werden im Gesetzentwurf jedenfalls keine oder nur wenige Regelungen getroffen, welche das Schutzniveau für genetische Daten deutlich erhöhen oder sonst in erheblichem Umfang zur Rechtssicherheit beitragen würden.

## 9.4 Das geplante Gendiagnostikgesetz und „genetischer Exzeptionalismus"

Abgesehen von der Kritik an einzelnen Aspekten des Gesetzes bleibt als grundlegender Anspruch an ein derartiges Gesetz die Forderung nach einer intensiven Durchdringung der Materie vor einer Regulierung und dann die Aufnahme dieser Analyseergebnisse ins Gesetz. Was bedeutet Durchdringung der Materie? Wir haben dies eingangs anhand der Fragen nach der Bedeutung von Information und Daten behandelt.

Eine weitere zentrale Frage ist die nach der Sonderstellung genetischer Daten, also die Frage nach dem „genetischen Exzeptionalismus". Wenn man im Sinne der immer mehr herrschenden Ansicht davon ausgeht, dass es keine Besonderheit genetischer Daten im Vergleich zu medizinischen gibt, dann wäre auch von dieser Seite her kein besonderes Gesetz erforderlich, sondern eine umfassende Regelung. Der Blick des Betrachters, also auch des Gesetzgebers, wurde bisher zu weitgehend von der Methode der Erhebung der Daten bei der Gendiagnostik, anstatt von den Ergebnissen gefangen genommen. Dies ist verständlich, weil es sich um eine umstürzend neue Methode im Vergleich zu sonstigen medizinischen Diagnosemethoden handelte. Die neueren wissenschaftlichen Errungenschaften ermöglichen den Zugang zu einem Objekt, das bis dato völlig unbekannt war, das DNA-Molekül, das das menschliche Genom bestimmt. Diese neuen Methoden sind allerdings in der Zwischenzeit zur normalen Praxis geworden, sodass die Einordnung in größere Zusammenhänge, hier in medizinische Daten, kein Problem mehr sein sollte.

Die Gleichstellung genetischer Daten mit medizinischen Daten, mithin die Aufgabe des „genetischen Exzeptionalismus", heißt indes nicht, dass sich in Einzelfällen nicht gleichwohl die Möglichkeit oder Notwendigkeit ergeben kann, manche Verwendungszusammenhänge besonders zu schützen. Ob dieser Schutz über den bei medizinischen Informationen vorhandenen Schutz hinausgehen sollte, ist damit aber noch nicht gesagt. In jedem Fall bedarf es im konkreten Zusammenhang jeweils einer intensiven Einzelfallbetrachtung.

Wenn wir zunächst bei dieser letzten Fragestellung bleiben, können wir immer noch auf die wegweisende Entscheidung des Bundesverfassungsgerichts zur Volkszählung aus dem Jahr 1983 verweisen, in dem die einzelnen Schutzsphären der Persönlichkeit erstmals benannt wurden (BVerfG 65, 1). Neben der Öffentlichkeits- und der Privatsphäre handelt es sich vor allem um die Intimsphäre, die eines besonderen Schutzes bedarf. Genetische Informationen sind ohne weiteres dieser Sphäre zuzuordnen. Aber sind sie deswegen aus Sicht des Gerichts besonders? Mit Sicherheit können wir dies nicht sagen, denn zu dem Zeitpunkt der Entscheidung, im Jahr 1983, spielten solche Informationen noch keine Rolle, weder im Bewusstsein des Gerichts noch der Bevölkerung. Wir können also nur vermuten, dass das Verfassungsgericht medizinische und genetische Informationen insoweit gleichgestellt hätte, denn dass genetische Informationen unter die anderen beiden Kategorien fallen könnten, ist ausgeschlossen. Und eine weitere Kategorie wollte das Gericht sicher nicht erschließen. Von dieser Betrachtungsweise her würde es wohl eine Einordnung in dieselbe Schutzkategorie vorsehen.

Zieht man ergänzend den Gedanken des Schutzes vor der Sichtbarkeit des Bürgers hinzu, des Schutzes vor dem „gläsernen Menschen", dann lässt sich ein Kaleidoskop von Schutzbereichen definieren. Darunter nehmen die medizinischen Daten einschließlich der genetischen eine herausragende Rolle ein. Entscheidend für das Gericht damals wie auch heute immer mehr ist, dass sogenannte „Firewalls" eingezogen werden, die nicht überbrückt, also zusammengeschlossen werden dürfen. Und genau dies ist es, worum es heute geht.

Ein konkreter Bereich ist zum Beispiel der des Forschungsprivilegs, das nicht nur dazu dienen soll, die Forschung an Geweben, Proben und Organen und den daraus gewonnenen Daten zum Beispiel in Biobanken zu schützen, sondern auch den Bürger davor, dass diese Daten Dritten in die Hände fallen.

Eine besondere Gefahr stellen dabei die vielfältigen Möglichkeiten der modernen Datenverarbeitungs- und Kommunikationsmittel dar. Dies hat das Bundesverfassungsgericht in seinen jüngsten Entscheidungen zur Kennzeichenerfassung (BVerfG/NJW 2008, 1505–1516), zur Rasterfahndung (BVerfG/NJW 2006, 1939–1951) oder zur Online-Durchsuchung, d. h. Durchsuchung informationstechnischer Syteme, (BVerfG, 1 BvR 370/07) erneut hervorgehoben.

Das Bundesverfassungsgericht weist ausdrücklich darauf hin, dass die Schwere des Eingriffs mit der Möglichkeit der Nutzung der Daten für Folgeeingriffe in Grundrechte der Betroffenen sowie mit der Möglichkeit der Verknüpfung mit anderen Daten, die wiederum andere Folgemaßnahmen auslösen können, zunimmt (BVerfG/NJW 2008, 1505–1516). Auch in der Entscheidung zur Rasterfahndung weist es daher darauf hin, dass die Vorteile, welche automatisierte, rechnergestützte Operationen generell mit sich bringen, nämlich die Verarbeitung nahezu beliebig großer und komplexer Informationsbestände in großer Schnelligkeit, in grundrechtlicher Hinsicht zu einer erhöhten Eingriffsintensität führen (BVerfG/NJW 2006, 1939–1951).

Auffällig ist insoweit, dass es in der Regel weniger um Ängste der Bürger vor einer missbräuchlichen Verwendung ihrer Daten durch Private, denn vielmehr um Versuche des Staates bzw. der staatlichen Ermittlungsbehörden geht, die bestrebt sind, einen umfassenden Zugang zu allen möglichen persönlichen Daten, insbesondere auch zu genetischen Daten, zu erlangen. Der Schutz des Bürgers davor, dass seine Daten in den Besitz von Dritten gelangen, muss also gerade ein solcher vor dem Zugriff von Organen des Staates sein. Gerade dies ist aber ein Bereich, für den das geplante Gendiagnostikgesetz keinen erweiterten Schutz vorsieht. Den Schutz des Bürgers vor dem Zugriff auf seine persönlichen Daten einschließlich seiner genetischen Daten stellt zurzeit jedenfalls vornehmlich das Bundesverfassungsgericht – als Hüter der Verfassung – sicher.

Abschließend lässt sich danach nur nochmals wiederholen, dass der Deutsche Gesetzgeber vor der Schaffung eines einheitlichen Gendiagnostikgesetzes die gegenständliche Materie zunächst intensiv durchdringen und sich insbesondere mit der Frage des „genetischen Exzeptionalismus" auseinandersetzen muss, bevor er ein einheitliches Gesetz betreffend genetische Untersuchungen schafft. Bis dahin wird weniger ein speziell auf genetische Daten zugeschnittenes Gendiagnostikgesetz benötigt, welches – nicht zuletzt wegen des hohen ethischen Konfliktpotentials – kaum zu einer tragfähigen, ausgewogenen und wirklich umfassenden Regelung führen wird, sondern vielmehr eine Überarbeitung des Datenschutzgesetzes mit dem Ziel der Verbesserung des Schutzes von medizinischen (einschließlich genetischen) Daten, insbesondere in der Forschung.

## Literaturverzeichnis

Berliner Zeitung (2004): vom 26.11.2004.

Bundesgerichtshof (2005): *BGH XII ZR 227/03.*

Bundesverfassungsgericht (1983): *BVerfG 65, 1.*

Bundesverfassungsgericht (2000): *BVerfG 103, 21 (32).*

Bundesverfassungsgericht (2006): Verfassungsmäßigkeit der präventiven polizeilichen Rasterfahndung, *NJW*, Jg. 59, Heft 27, S. 1939–1951.

Bundesverfassungsgericht (2007): *BVerfG 117, 202 (228).*

Bundesverfassungsgericht (2007): Verfahren zur Feststellung der Vaterschaft – Heimlicher Vaterschaftstest, *NJW*, Jg. 60, Heft 11, S. 753.

Bundesverfassungsgericht (2007): *BVerfG,* 1 *BvR 370/07* vom 27.2.2008, Absatz-Nr. (1–333) http://www.bundesverfassungsgericht.de/entscheidungen/rs20080227_1bvr037007.html (abgerufen am 12.03.2009).

Bundesverfassungsgericht (2008): Automatisierte Erfassung von Autokennzeichen, *NJW*, Jg. 61, Heft 21, S. 1505–1516.

Damm R./König S. (2008): Rechtliche Regulierung prädiktiver Gesundheitsinformation und genetischer „Exzeptionalismus", *Medizinrecht*, Vol. 26/2, S. 62–70.

Deutsch E./Spickhoff A. (2008): *Medizinrecht*, Berlin, Heidelberg: Springer Verlag.

Deutscher Bundestag (2003): *Drs.* 15/543, Berlin, 11.03.2003.

Deutscher Bundestag (2006): *Drs.* 16/3233, Berlin, 03.11.2006.

Deutscher Bundestag (2007): *Stenografischer Bericht, Plenarprotokoll* 16/100, Berlin, 24.5.2007.

Deutscher Bundestag (2008): *Drs.* 16/10532, Berlin, 13.10.2008.

Ehler H. (2004): Versicherer: Unbefristetes Gentestgesetz überflüssig, *Versicherungswirtschaft*, Jg. 59, Heft 23, S. 1818.

Europarat (1992): *Recommendation No. R. (92) 3 of the Committee of Ministers to Member States on Genetic Testing and Screening for Health Care Purposes*, auf: https://wcd.coe.int/com.instranet.InstraServlet?command= com.instranet.CmdBlobGet\&InstranetImage=573883\&SecMode=1\&DocId= 601492\&Usage=2 (gesehen am 12.03.2009).

Europäische Kommission (2004): *Ethical, legal and social aspects of genetic testing: research, development and clinical applications*, auf: http://europa.eu.int/comm/research/conferences/2004/genetic/pdf/report_en.pdf (gesehen am 12.03.2009).

Hasskarl H./Ostertag A. (2005): Der deutsche Gesetzgeber auf dem Weg zu einem Gendiagnostikgesetz, *Medizinrecht*, Vol. 23, Heft 11, S. 640–650.

Kollek R. (2008): *Wortprotokoll der Plenarsitzung des Deutschen Ethikrates vom 27.11.2008*, auf: http://www.ethikrat.org/der_files/Wortprotokoll_2008-11-27_ Website.pdf (gesehen am 12.03.2009).

Kollek R./Lemke T. (2007): Entwicklung von Angebot und Nachfrage prädiktiver genetischer Tests, *GGW*, Jg. 7, Heft 4, S. 7–13.

Landgericht Bielefeld (2007):25 O. 105/06, 14.02.2007 (zitiert nach juris).

Lemke T. (2005): Untersuchungen ohne Eigenschaften, in: *GID*, Jg. 21, Nr. 168, S. 3–6.

Nationaler Ethikrat (2005): *Prädiktive Gesundheitsinformation bei Einstellungsuntersuchungen, Stellungnahme*, auf: http://www.ethikrat.org/stellungnahmen/ pdf/Stellungnahme_PGI_Einstellungsuntersuchungen.pdf (gesehen am 12.03.2009).

Nationaler Ethikrat (2005): Erkrankungsrisiken bei Arbeitnehmern – wie viel sollen Arbeitgeber wissen dürfen? in *Infobrief* 03/05, No. 8, auf: http://www.ethikrat. org/publikationen/pdf/Infobrief_03--05_Website.pdf (gesehen am 12.03.2009).

Nationaler Ethikrat (2007): *Prädiktive Gesundheitsinformationen beim Abschluss von Versicherungen, Stellungnahme*, auf: http://www.ethikrat.org/ stellungnahmen/pdf/Stellungnahme_PGI_Versicherungen.pdf (gesehen am 12.03.2009).

Nicolas P. (2007): Genetics and the Law. The Principles at Stake, Vortrag auf dem Workshop: Genetic Data. Opportunities and Threats, Vortrag an der Universität Trento, 28. September 2007.

Oberlandesgericht Hamm (2007): Verwertung von Gen- oder Bluttestergebnissen in der Krankenversicherung, *NJW-RR*, Jg. 23. Heft 10, S. 702 f.

Paslack R./Simon J. (2005): Reaktionen des Rechts auf genetische Diskriminierung und ihre ethische Begründung, in: Van den Daele, W. (Hrsg.): *Biopolitik*, Frankfurt/M.: VS Verlag für Sozialwissenschaften, S. 123–152.

Pressemappe Rheinische Post (2009): 14.02.2009, auf: http://www.presseportal.de/ pm/30621/1352801/rheinische_post/ (gesehen am 01.03.2009).

Rittner C. (2005): Contra zu heimlichen Vaterschaftstests, *FPR*, Jg. 11, Heft 5, S. 187– 188.

Rittner C./Rittner N. (2002): Unerlaubte DNA-Gutachten zur Feststellung der Abstammung – Eine rechtliche Grauzone, *NJW*, Jg. 55, Heft 24, S. 1745–1754.

Rittner C./Rittner N. (2005): Rechtsdogma und Rechtswidrigkeit am Beispiel so genannter heimlicher Vaterschaftstests, *NJW*, Jg. 58, Heft 14, S. 945–947.

Schmitz D. (2005): Ein „Rückschritt" in die richtige Richtung? Die Stellungnahme des Nationalen Ethikrates zur Nutzung von prädiktiven Gesundheitsinformationen bei Einstellungsuntersuchungen, *Hessisches Ärzteblatt*, Jg. 66, Heft 10, S. 665–669.

Simon J. (2001): *Gendiagnostik und Versicherung. Die internationale Lage im Vergleich*, Baden Baden: Nomos Verlagsgesellschaft.

Simon J. (2005): Anwendungen in der Medizin – molekulargenetische Diagnostik, 3.3 Rechtliche Dimensionen, in: Hucho F./Brockhoff K./van den Daele W./Köchy K./Reich J./Rheinberger H.-J./Müller-Röber B./Sperling K./Wobus A. M./Boysen M./Kölsch M. (Hrsg.): *Gentechnologiebericht. Analyse einer Hochtechnologie in Deutschland*, München: Elsevier Spektrum Akademischer Verlag, S. 176, Fn. 16.

Simon J./Paslack R./Robienski J./Goebel J. W./Krawczak M. (2006): *Biomaterialbanken Rechtliche Rahmenbedingungen*, Berlin: Medizinisch Wissenschaftliche Verlagsgesellschaft.

Verwaltungsgericht Darmstadt (2004): 1 *E.* 470/04, 24.06.2004.

# 10 Die Be-Deutung der genetischen Information in der Öffentlichkeit

*László Kovács*

## 10.1 Einleitung

In den vorangehenden Beiträgen wurde der Informationsbegriff der Genetik aus der Sicht verschiedener Disziplinen kritisch untersucht. Es stellte sich heraus, dass die genetische Information in unterschiedlichen Kontexten und je nach fachmännischem Blick unterschiedlich verstanden wurde. Diese letzte Auseinandersetzung soll nun den Fokus auf die Verwendung des Begriffes „genetische Information" in der Öffentlichkeit lenken. Die Frage, wie die Öffentlichkeit genetische Information versteht, ist auch deshalb relevant, weil diese Meinung sowohl auf die gesetzliche Regelung als auch auf die Zielsetzungen der Forschung selbst einen Einfluss hat (Weingart 2001). Aus diesem Grund verdient der öffentliche Umgang mit der genetischen Information eine genauere Analyse. Es muss einerseits geklärt werden, was genetische Information im öffentlichen Verständnis beinhaltet und andererseits wie sie angemessen weiter geformt und eventuell nachgebessert werden kann. Dies versuche ich in vier Schritten zu tun: Erstens zeige ich, welche Vorstellungen mit dem Genbegriff oder dem Begriff der genetischen Information im öffentlichen Diskurs faktisch verbunden sind. Im zweiten Schritt führe ich eine mögliche Erklärung zur Entstehung dieser Vorstellungen an, welche ich dann im dritten Schritt durch eine qualitative Quellenanalyse kritisiere. Dabei zeige ich, welche Rolle in diesem Diskurs Metaphern haben bzw. wie sie die erste Erklärung ergänzen. Schließlich weise ich auf Probleme der öffentlichen Interpretation des Begriffes „genetische Information" und auf künftige Herausforderungen hin.

## 10.2 Genetische Information in der Vorstellung der Öffentlichkeit

Die Relevanz der öffentlichen Vorstellungen über wissenschaftliche Fakten lässt sich nicht mehr bestreiten. Manche verstehen die öffentliche Meinung als Spiegel, in dem wir uns selbst und die Realität erkennen können (Nelkin/Lindee 1995, S. 11–12). Andere halten öffentliche Vorstellungen für den finanziellen Motor der Wissenschaft, der zum Teil einen Einfluss auf die politische Ressourcenverteilung in einer Demokratie ausüben, zum Teil als Börsenfaktor funktionieren kann. Auf jeden Fall enthalten öffentliche Vorstellungen über naturwissenschaftliche Fakten Theorien, Narrative und Konventionen zur Deutung des menschlichen Lebens, sie tragen zu den Erwartungen an das menschliche Verhalten bei und sie dienen nicht zuletzt als motivierende Zielsetzungen für Forschungsprojekte. Darstellungen in Massenmedien beeinflussen nicht unmittelbar die öffentliche Meinung, vermitteln aber das

Gerüst einer „Ideologie" – auch wenn sie über naturwissenschaftliche Fakten berichten und vielleicht umso mehr, wenn es um komplexe, öffentlich nicht zugängliche Inhalte wie naturwissenschaftliche Fakten geht. Sie machen diese Inhalte für Leser oder Hörer verständlich. Medienberichte sind deshalb zunächst separat von wissenschaftlichen Auseinandersetzungen zu betrachten. Vorstellungen der Öffentlichkeit müssen deshalb nicht notwendig der wissenschaftlichen Theorie entsprechen. Das „Genbild" der Öffentlichkeit bezieht sich eigentlich überhaupt nicht auf die biologische Entität. Die beiden Vorstellungen sind zwar nicht ganz unabhängig voneinander, sie enthalten jedoch auch gegensätzliche Interpretationen. Studienergebnisse der Sozialwissenschaften zeigen, dass die letzten Jahre eine „Genetisierung" der Gesellschaft gebracht haben, d. h. die Öffentlichkeit nahm die Ergebnisse der genetischen Forschung als wesentlich bedeutsamer wahr, als sie tatsächlich waren (Nelkin/Lindee 1995 oder Gerhards/Schäfer 2006). Das Gen der Öffentlichkeit ist ein Symbol geworden, das die Wahrnehmung von Grundfragen des Lebens strukturiert, Lösungsansätze für Lebensprobleme verspricht und Verantwortung für schicksalhafte Situationen trägt. Einzelne Beispiele bekräftigen die Behauptung, dass die genetische Information immer mehr an Bedeutung für die Interpretation von Alltagssituationen verwendet wird. Diese Genetisierung der Gesellschaft hat viele Facetten, die ich hier anhand von einigen Beispielen zeige.

### 10.2.1 Genetischer Essentialismus

In vielen Bereichen des Lebens hat sich in den letzten Jahren der Gedanke verbreitet, dass Gene für die Eigenschaften eines Lebewesens „verantwortlich" seien (vgl. auch die Beiträge von Elisabeth Hildt und Wolfram Henn in diesem Band). Gene enthalten demnach wesentliche Informationen über das aktuelle Individuum, über seine Körperform und sein Verhalten, seine Erkrankungsrisiken und auch seinen Lebensplan, d. h. seine Zukunft. Man spricht mit der größten Selbstverständlichkeit darüber, dass Gene die Informationen für diese Eigenschaften enthalten. Wenn sich jemand im öffentlichen Diskurs über solche Vorstellungen äußert, klingen seine Worte mittlerweile nicht mehr fremd, vielmehr gehören solche Aussagen zu den Allgemeinplätzen. Die Idee, dass sich der vollständige Organismus aus seinen Genen rekonstruieren lässt, überrascht die Öffentlichkeit wohl auch nicht mehr. Im Film Jurassic Park hat Steven Spielberg bereits 1993 dieselbe Vorstellung über Genetik in den öffentlichen Diskurs geworfen. Im Film zeigte er eine Vision, wie Wissenschaftler aus Fragmenten von DNA aus der Dinosaurier-Zeit durch Gentechnologie lang ausgestorbene Arten wieder zum Leben erwecken. Mit diesen Tieren bevölkern die Forscher eine große Insel. Durch die Wiedererschaffung dieser Tiere werden zugleich andere wissenschaftliche Bemühungen wie die der Paläontologen überflüssig. Die Genetik schafft es, viel genauere Erkenntnisse von ausgestorbenen Lebewesen zu produzieren, weil sie die Tiere wieder in ihrer Umgebung leben lässt und eine direkte Beobachtung ermöglicht. Solche Bilder prägen die Vorstellungskraft der Öffentlichkeit und erschaffen den Eindruck, dass Genetik tatsächlich für alle Wesensmerkmale der Lebeweisen, unter anderem auch des Menschen, zuständig ist. Heute würde uns vielmehr verblüffen, wenn bei einem Fossilfund nicht versucht würde, das genetische Material zu analysieren und daraus Rückschlüsse auf die Eigenschaften, Lebensweise des betreffenden Tieres, seinen Status in der Evolution etc. zu generieren. Die Öffentlichkeit nimmt aber nicht nur die Visionen der Vergangenheit und der Zukunft, sondern auch die Visionen der Gegenwart in dieser Weise wahr. Andreas Lösch zeigt anschaulich, wie das Genomprojekt, die genetische Diagnostik und Beratung für eine öffentliche Diskursordnung sorgen, welche die genetische Information als Voraussetzung eigenverantwortlicher Selbsterkenntnis darstellt (Lösch 2001, S. 4).

### 10.2.2 Genetischer Individualismus

Im öffentlichen Diskurs wird nicht nur postuliert, dass das Wesentliche, was den Menschen ausmacht, in seinen Genen zu finden ist, sondern auch, dass all seine Besonderheiten, seine Individualität, von Genen abhängig sind. Eine solche Aussage hat einerseits die methodische Fokussierung zur Folge, andererseits hat sie normative Konsequenzen. Methodisch gesehen gilt heutzutage, dass die genaueste Identifizierung eines Menschen durch seine Gene möglich ist. Ein Fernsehkrimi ist nicht mehr aktuell, wenn die Identifizierung des Täters mithilfe von herkömmlichem Fingerabdruck geschehen muss. Heutzutage müssen genetische Fingerabdrücke gelesen werden. Im öffentlichen Diskurs werden klassische Methoden der Identifizierung von Personen durch genetische Methoden vollkommen abgelöst. Die weite Anerkennung der Methode und damit auch das Paradigma des genetischen Individualismus wird auch durch die jüngsten Medienberichte über das Heilbronner Phantom[1] nicht geschmälert, denn die falschen Ergebnisse hingen nicht von der Methode an sich sondern von deren unsauberer Ausführung ab.

Anscheinend wurde der deutsche Gesetzgeber bei der Formulierung des Embryonenschutzgesetzes auch vom genetischen Individualismus beeinflusst: „Als Embryo im Sinne dieses Gesetzes gilt bereits die befruchtete, entwicklungsfähige menschliche Eizelle vom Zeitpunkt der Kernverschmelzung an..." (ESchG, § 8, Art. 1). Befruchtung ist ein umfangreiches Geschehen, in dem vielfältige Prozesse ablaufen. Dabei ist die Kernverschmelzung der Beginn der Entstehung eines neuen Genoms. Man hätte zwar mit gutem Grund auch andere Grenzen ziehen können, aber die Entstehung des neuen Genoms ist in der gesellschaftlichen Wahrnehmung zu einer intuitiven Grenze geworden, mit der wir die Individualität eines Menschen eher greifbar machen können als mit anderen Grenzen.

### 10.2.3 Gene als Grundlage sinnvoller familiärer Beziehungen

In unserer Gesellschaft, in der Genetik die oben beschriebene Deutungsmacht erlangt hat, wird selten in Frage gestellt, dass das Kriterium, „eigene Kinder" zu haben, mit „genetisch eigen" gleichzusetzen ist. Diese genetikbasierte Auslegung der

---

[1] Das Heilbronner Phantom war eine unbekannte Person, die mit der Tötung einer Polizistin in Heilbronn und mit weiteren Straftaten in Zusammenhang gebracht wurde. Dieser Zusammenhang bestand darin, dass bei „DNA"-Analysen von Spuren an den Tatorten die eindeutig definierte DNA einer weiblichen Person gesichert wurde. Ende März 2009 stellte sich heraus, dass es sich bei den gefundenen DNA-Spuren um eine Verunreinigung der Abstrichbestecke (Wattestäbchen) handelt, mit denen die DNA-Spuren an den Tatorten aufgenommen wurden. Die nachgewiesenen DNA-Spuren konnten einer Verpackungsmitarbeiterin eines an der Herstellung beteiligten Unternehmens zugeordnet werden (http://de.wikipedia.org/wiki/Heilbronner_Phantom).

Elternschaft führte letztlich in einigen Ländern zur verbreiteten Praxis der Leihmutterschaft, in der eine Frau für das Austragen eines genetisch fremden Kindes ihre Gebärmutter „ausleiht", d. h. im Bauch wächst nicht das eigene Kind heran, sondern das Kind anderer „Eltern". Dass sie in diesem Prozess wesentliche Teile der Mutterschaft übernimmt, sich selbst aber nicht als Mutter verstehen soll, ist die Konsequenz einer genetisch definierten Mutterschaft. Aber auch die Vaterschaft wird als primär genetisch feststellbar wahrgenommen. Auf der Webseite eines bekannten Anbieters liest man folgende Erklärung, warum ein Vaterschaftstest durchgeführt werden sollte: „Eine Vaterschaft bedeutet eine große Verantwortung im Leben. Umso entscheidender ist es, Klarheit zu haben, wenn es offene Fragen gibt. Der [...] Vaterschaftstest ist der einfache Weg, diese Zweifel aus der Welt zu schaffen." (Humatrix AG 2009). Dass eine Vaterschaft durch die Rolle des Vaters im Leben der Kinder definiert werden könnte, ist nicht mehr denkbar, wenn genetische Tests zur Verfügung stehen. Hingegen werden hochkomplexe Eigenschaften und Verhaltensweisen von Kindern in Familien gern als Phänomene gedeutet, die von einem Elternteil genetisch determiniert wurden. Das Bedürfnis nach reproduktivem Klonen lässt sich auch nicht anders erklären, als durch die Genetisierung familiärer Beziehungen.

### 10.2.4 Gene als Grundlage sozialer Abgrenzungen und Stereotypen

In öffentlichen Darstellungen erscheint die genetische Information als die materielle Grundlage von vorhersagbaren Eigenschaften, aufgrund derer eine gesellschaftliche Einordnung des Individuums möglich ist. Im bekannten Science-Fiction-Film GATTACA wird für die Zukunft eine Zwei-Klassen-Gesellschaft prophezeit, in der genetisch determinierte Eigenschaften für die Einstellung, Versicherung, Schulung oder Aufnahme in den Kindergarten ausschlaggebend sind. Genetisch wenig erfassbare Eigenschaften wie Entschlossenheit und Mut werden als unwichtig behandelt, bei Delikten werden Täter unter Personen mit einem genetischen Hochrisikoprofil für Kriminalität gesucht. Es wird plausibel gezeigt, wie genetische Information in sozialen Kontexten als Be- oder Entschuldigung eingesetzt werden kann. Aber nicht nur in der Fiktion deutet der öffentliche Diskurs anscheinend neutrale genetische Eigenschaften schnell positiv oder negativ um. Genetisch determinierte Merkmale dienen bereits in unserer Gesellschaft zur Bildung sozial relevanter Kategorien. In manchen Fällen sind Akteure der Öffentlichkeit bemüht, aus der genetischen Forschung Nachweise zu besorgen, dass bestimmte Eigenschaften genetisch determiniert sind und deshalb persönlich nicht verantwortet werden können. Ein Beispiel dafür ist die Adipositas-Forschung, innerhalb derer hohe Summen in die Genetik investiert werden, um genetische Nachweise für die genetische Veranlagung von Adipositas zu liefern und dadurch zur Verminderung der Diskriminierung und der Stigmatisierung der Adipösen in der Gesellschaft beizutragen (Hilbert 2006). In anderen Fällen werden Genetiker aufgefordert, Nachweise für die Irrelevanz genetischer Unterschiede oder die Unschärfe der Unterscheidung zu produzieren, damit bestimmte soziale Gruppen nicht diskriminiert werden können. Unter solchen Bemühungen lassen sich manche pharmakogenetischen Projekte einordnen, die die Absicht haben, Medikamente nur für eine soziale Gruppe zu entwickeln und dadurch andere Gruppen zu benachteiligen (Marx-Stölting 2006). Zu dieser Kategorie gehört aber auch die „öffentliche Entgleisung" des James Watson, der als wissenschaftliche Autorität der genetischen Information mit wissenschaftlichen Beweisen belegen wollte, dass Schwarzafrikaner nicht die gleiche Intelligenz erreichen wie Weiße (Milmo 2007).

Vergleichbare Stereotypen zeigen sich im öffentlichen Diskurs auch zur Bewertung der genetischen Verwandtschaft einzelner Tierarten mit dem Menschen. Tieren, die „uns näher verwandt sind" – eine genetische Kategorie –, wird deshalb nicht nur eine bessere Eignung für Tierversuche, sondern oft eine höhere Schutzwürdigkeit aufgrund der großen Ähnlichkeit zugesprochen. Verwandtschaftsgrad-Argumente betonen, wie viel Prozent des menschlichen Genoms mit dem Genom der genannten Tierart übereinstimmt, und schließen daraus auf die Schutzwürdigkeit dieser Tiere (vgl. Scharmann 2003; Kommission der Europäischen Gemeinschaft 2008, S. 16). Eine solche Begründung der Schutzwürdigkeit scheint zwar ethisch problematisch zu sein (DFG 2008), dass sie dennoch effektiv ist, erklärt sich mit dem Appell an den intuitiven Selbstschutz und der Identifikation mit unserem Genom. Solche auf die genetische Information gebaute Argumente können in öffentlichen Diskursen die Schranken der Rationalität unauffällig überschreiten und sehr starke Wirkung entfalten.

### 10.2.5 Gene als Grundlage gesellschaftlich angebotener individueller Lebensentscheidungen

Bei Krankheiten mit identifizierten erblichen Komponenten ist die öffentliche Forderung nach mehr Forschung in der Genetik trotz der aktuellen Bedingung der fehlenden Therapiemöglichkeiten immer stärker geworden. Die Ergebnisse werden jedoch nicht nur zur Aufklärung über eigene Risiken oder zur individuellen Prognoseerstellung genutzt (vgl. das Beispiel Huntington-Krankheit und den Beitrag von Volker Obst in diesem Band), sondern sie dienen als Grundlage für gesellschaftlich angebotene, individuelle Lebensentscheidungen. So wird aufgrund der genetischen Information z. B. die mühsam errungene Wahlfreiheit der Ehepartner nach Zuneigung und Liebe durch genetische Erkenntnisse relativiert, denn die Öffentlichkeit nimmt die Möglichkeit der Klärung genetischer Risiken vor der Eheschließung immer mehr wahr. Ein bekannteres Beispiel dafür ist der in den 1970er Jahren berühmt gewordene Cyprus-Case. Auf Zypern wurde ein gesellschaftlich viel diskutiertes Präventionsprogramm eingeführt, das einen genetischen Test und eine Beratung vor der Eheschließung beinhaltet. Junge Frauen und Männer sollen demnach auf eine häufige Genmutation getestet werden, welche die rezessiv vererbbare Krankheit ß-Thalassemia verursacht. Sind beide prospektive Ehepartner Träger des Gens, gilt es eine verantwortliche Entscheidung über Eheschließung mit Rücksicht auf die genetische Information zu treffen, und wenn die jungen Leute (trotzdem) heiraten, werden sie über Möglichkeiten der pränatalen genetischen Diagnostik bei einer späteren Schwangerschaft und die Option eines Schwangerschaftsabbruchs aufgeklärt (vgl. Nationaler Ethikrat 2003, S. 47). Im Programm Dor Yeshorim, das für orthodoxe Juden in Israel, Europa und den USA entwickelt wurde, wird diese Herangehensweise insofern geändert, dass das junge Paar vor der Ehe einen Test auf „genetische Kompatibilität" zwischen ihnen beiden durchführen lässt, in dem nicht der Trägerstatus des Einzelnen sondern nur die genetische Kompatibilität der beiden künftigen Eheleute geprüft und ihnen mitgeteilt wird. Nach einem auffälligen Befund werden diese Ehen in der Regel nicht geschlossen (Prainsack/Siegal 2006). Ein drittes

Beispiel ist das viel umworbene Carrier-Test-Programm auf zystische Fibrose (CF). Diese Krankheit vererbt sich autosomal rezessiv, d. h. auch nicht-betroffene Eltern können ein Kind mit CF bekommen. Es wird deshalb empfohlen, bei Kinderwunsch noch vor der Empfängnis einen genetischen Test bei beiden der prospektiven Eltern durchzuführen, damit sie ihre „Entscheidung mit Verantwortung" treffen können (Cystic-Fibrosis-Foundation 2009; American College of Obstetricians and Gynecologists and The American College of Medical Genetics 2001). Diese „Entscheidung mit Verantwortung" beinhaltet zunächst die Konfrontation mit dem Risiko und bei Genträgern die Möglichkeit, Kinder nicht mit dem ausgewählten Partner zu bekommen, rechtzeitig eine genetische Pränataldiagnostik durchzuführen oder in manchen Ländern auf eine Präimplantationsdiagnostik (PID) nach künstlicher Befruchtung zurückzugreifen. An diesen Beispielen lässt sich erkennen, wie weit genetische Information auf die intimsten und wichtigsten Alltagsentscheidungen Einfluss nimmt.

Zusammenfassend lässt sich sagen, dass die Genetik, obwohl sie im Vergleich zu vielen anderen Bereichen eine junge Wissenschaft ist, eine enorme öffentliche Deutungsmacht entwickelt hat, d. h. durch sie werden in öffentlichen Diskursen diverse Bereiche des Lebens interpretiert, erklärt und entschieden. Die öffentliche Vorstellung von der genetischen Information kann beinahe in allen Bereichen des Lebens relevant werden. Nelkin und Lindee zeigten bereits in den 1990er Jahren anschaulich, dass Menschen unserer Zeit wesentliche Aspekte des Lebens durch die Brille der genetischen Information sehen. Die beiden Autorinnen stellen aufgrund der Analyse einer ganzen Bandbreite gesellschaftlich wirksamer Kommunikationskanäle in den USA fest, dass das Gen in der populären Kultur keine biologische Entität mehr ist. Es ist zu einer kulturellen Ikone geworden. Diese Ikone bezieht sich allerdings auf das biologische Konstrukt und leitet von diesem, bzw. von der Wissenschaft, ihre bedeutende kulturelle Prägungskraft ab. Ihre symbolische Bedeutung ist allerdings unabhängig von der biologischen Definition. Das Gen hat den Erklärungsrahmen der Biologie verlassen und wurde im populären Sprachgebrauch als Metapher für nicht-biologische Inhalte verwendet (Nelkin/Lindee 1995). Nelkin und Lindee sind dabei am Faktischen interessiert, welche Deutungen eine kulturell wichtige Rolle spielen. Sie gehen weniger darauf ein, wie diese Deutungen entstehen. Nach diesen Beispielen stellt sich natürlich die Frage, wie es zu dieser Deutungsmacht kam.

## 10.3 Herkunft der öffentlichen Vorstellungen

Von der Genetik kann man annehmen, dass sie ihre Deutungsmacht nicht allein durch die verbesserte Technologie und die verfeinerte Methodik – des aufmerksameren Hinschauens – erreicht hat. Dies haben wohl andere Wissenschaftler mit vergleichbarer Qualität betrieben, ohne die oben beschriebene öffentliche Deutungsmacht zu erlangen. Die Wissenschaftstheorie und -soziologie bestätigen diese Annahme. Wie sich die Wissenschaft in der Öffentlichkeit darstellt, scheint beeinflussbar und eine positive öffentliche Einstellung im Interesse der Wissenschaftler zu sein. Nach dem ersten Eindruck von Presseberichten könnte man meinen, dass die übertriebenen Vorstellungen auf Aussagen namhafter Genetiker zurückzuführen sind. Diese haben in zahlreichen Interviews implizit suggeriert, dass die Genetik für die letztendliche Lösung der wichtigsten Probleme des Lebens zuständig ist. Manche Aussagen unterstützen tatsächlich eine solche Auslegung. Ein Beispiel für die

essentialistische Deutung der genetischen Information war die Rede des Nobelpreis-
genetikers Walter Gilbert an einer Eröffnungstagung des Human Genom Projekts,
als er sagte:

„I think there will also be a change in our philosophical understanding of our-
selves. Even though the human sequence is as long as thousand thousand-page
telephone books, which sounds like a great deal of information, in computer terms
it is actually very little. Three billion bases of sequence can be put on a single com-
pact disc (CD), and one will be able to pull a CD out of one's pocket and say, ,Here
is a human being; it's me!'" (Gilbert 1992, S. 96). Auch James Watson propagierte
mit übertriebenen Formulierungen die Bedeutsamkeit der Genetik, indem er in einem öffentlichen Interview sagte: „We used to think our fate was in the stars. Now
we know, in large measure, our fate is in our genes." (Watson 1989). Religiös motivierte Darstellungen wie „Das Buch des Lebens" deuten an, dass das Genom die
letzte und vollständige Erklärung des Menschen enthält. Solche Aussagen drücken
eine Bestätigung des genetischen Essentialismus aus, stammen zum Teil aus wissenschaftlichen Kreisen und dienen zweifellos zur Erhöhung der öffentlichen Deutungsmacht. Gerhards und Schäfer zeigen in ihrer Studie Argumente für die Annahme,
dass Genetiker diese Vorteile bewusst genutzt und auf eine geplante Öffentlichkeitsarbeit gesetzt haben, um ihre Großprojekte gesellschaftlich zu rechtfertigen und zu
finanzieren. Die beiden Autoren gehen aber von diesen Einzelaussagen weiter und
zeigen in einer umfangeichen Medienanalyse, in welchem Zusammenhang öffentliche Vorstellungen mit dem wissenschaftlichen Diskurs stehen, dass eine Intention
der wissenschaftlichen Gemeinschaft hinter der Prägung dieser Vorstellungen steht
und dass Interessen in diesen öffentlich dominierenden Bildern erkennbar sind (Ger-
hards/Schäfer 2006).

Dazu identifizieren sie zuerst die wichtigsten Aspekte der Beziehung zwischen
Wissenschaft und Gesellschaft. Sie gehen Weingart folgend davon aus, dass diese
Beziehung in der letzten Zeit durch zwei entgegengesetzte Prozesse geprägt wurde: die Vergesellschaftlichung der Wissenschaft und die Verwissenschaftlichung der
Gesellschaft (Weingart 2001). Während Nelkin und Linde nur den zweiten Prozess
behandeln, d. h. wie die Gesellschaft immer „wissenschaftlicher" wird, wollen Gerhards und Schäfer zunächst den ersten beschreiben, wie Wissenschaft immer mehr
„gesellschaftlich" werden muss, um überhaupt funktionieren zu können. In diesem
Zusammenhang betonen sie den Legitimations- und Öffentlichkeitsbedarf der Wissenschaft. Wissenschaften brauchen eine öffentliche Legitimation, denn die Öffentlichkeit hat trotz der postulierten Wissenschaftsfreiheit einen Einfluss auf die Spiel-
räume der Wissenschaft: von der Förderung eines Forschungsvorhabens durch öffentliche Gelder bis zum Verbot durch Gesetze. Die politische Entscheidung muss im
Hinblick auf Forschungsförderung die öffentliche Meinung maßgeblich berücksichtigen. Deshalb kommt der öffentlichen Darstellung der Forschung in der Entwicklung
der eigenen Wissenschaft eine zentrale Rolle zu. Einzelne Forschungszweige kon-
kurrieren um knappe Ressourcen und wer es schafft, aus seinem Objekt die „big
science" zu machen, kann zu besseren Konditionen forschen. Bei Forschungen, die
den Menschen sehr nahe betreffen, sind der öffentliche Druck und der Legitimati-
onsbedarf besonders hoch (vgl. aktuelle Problemfelder wie Klonen, Stammzellfor-
schung, PID etc.). Es reicht deshalb nicht, die wichtigsten Fragen nur zu stellen.
Diese Fragen müssen auch in die öffentliche Debatte eingehen, damit sie die Bedin-

gungen einer „big science" schaffen. Professionelle Öffentlichkeitsarbeit ist somit ein Teil der Forschung geworden. Gerhards und Schäfer zeigen in ihrer Studie, dass es in den letzten Jahren Akteuren der humangenetischen Forschung besonders gut gelungen ist,

1. in der öffentlichen Debatte zu Wort zu kommen,
2. wenn sie zu Wort gekommen sind, ein unterstützendes Bild, eine begrüßende Position von der humangenetischen Forschung zu verschaffen und
3. von der Macht der Humangenetik, auf fast alle Lebensfragen antworten zu können, zu überzeugen.

Der genetische Essentialismus, wie das Nelkin und Lindee genannt haben, ist dementsprechend nach Gerhards und Schäfer primär das Ergebnis einer bewussten, professionellen Gestaltung der öffentlichen Meinung und führte in den ersten Jahren unseres Jahrtausends bis hin zu einer „öffentlichen Hegemonie" der genetischen Deutung von Lebensprozessen.

## 10.4 Hinter der Wechselwirkung: Metaphern als mehrdeutige Übertragungsmittel

Gerhards und Schäfer haben auf die Wirkung der Öffentlichkeitsarbeit auf eine Naturwissenschaft eindeutig hingewiesen. Ihre Auslegung der Fakten erscheint mir rational nachvollziehbar, dennoch ist ihre Deutung für mich in mancher Hinsicht zu radikal. Einerseits muss ich anerkennen, dass Genetiker einen erheblichen Einfluss darauf hatten und haben, wie die Gesellschaft heute über Genetik denkt, welche Erwartungen sie an die genetische Forschung stellt, andererseits wird aus dem eher quantitativen Ansatz der Quellenanalyse zu wenig ersichtlich, welche Elemente des Diskurses diesen Effekt erzeugen, wie sie es tun und ob dahinter die angenommenen Absichten tatsächlich zu erkennen sind. Möglicherweise sind die Effekte nicht allein mit einer direkten Absicht der Wissenschaftler erklärbar. Mein Ziel ist es daher, die öffentliche Meinungsbildung einen Schritt weiter nämlich auf die verwendeten sprachlichen Mittel hin zu untersuchen. Diese qualitative Analyse macht deutlich, dass die an die Öffentlichkeit gerichteten wissenschaftlichen Berichte metaphorische Formulierungen enthalten, die auf sensible Themen des öffentlichen Diskurses anspielen. Diese Metaphern werden in Diskursen gedeutet, die von der strengen Auslegung der Wissenschaftssprache weitgehend unabhängig sind. Um die Wechselwirkung zwischen dem öffentlichen Diskurs und dem gesellschaftlichen Engagement der Genetik angemessen zu erklären, muss man die diskursive Wirkung von Metaphern verstehen.

Metaphern sind mehr als die wörtliche Anspielung an die Ähnlichkeit in einem fremden Kontext, sie haben nicht nur die Funktion, ein unterhaltsames Sprachrätsel mit einer Lösung oder die verkürzte Version von Botschaften zu sein. Metaphern sind in ihrer Bedeutung unabgeschlossen und erfordern eine persönliche und erfahrungsabhängige Interpretation des Adressaten (Richards 1996). Darüber hinaus sind Metaphern keine isolierten Bedeutungssysteme sondern ermöglichen durch ihre Offenheit eine Vernetzung unter den bereits allgemein bekannten und den noch nicht gedachten Eigenschaften. Um diese Systeme zu strukturieren, beziehe ich mich auf die kognitive Metapherntheorie von George Lakoff und Mark Johnson (Lakoff/Johnson 2003). Die beiden Autoren bringen gewichtige Argumente dafür vor, dass unser Denken grundsätzlich metaphorisch ist. Zumeist ist uns das nicht bewusst, weil die Metaphern nicht mehr als Metaphern wahrgenommen werden, trotzdem ist es für das Ergebnis unseres Denkens relevant, in welchen Metaphern wir denken, denn einzelne Metaphern unterliegen immer einem kohärenten Denkmodell. Das Denkmodell, das hinter den einzelnen Metaphern steckt, ist wiederum metaphorisch. Ich nenne dieses Denkmodell hier eine Leitmetapher. Man kann metaphorische Sätze formulieren wie z. B. „Diese Aussage kannst du nicht *verteidigen*" oder „Er hat mich mit seiner Kritik *angegriffen*". In diesem Fall spricht man über das Debattieren im Rahmen der Leitmetapher *„Krieg"*. Diese Leitmetapher prägt in unserer Kultur das Nachdenken über Debatten, und wenn einzelne metaphorische Ausdrücke nach der Leitmetapher „Krieg" geprägt werden (vgl. Streitgespräch oder Wortgefecht), sind sie für die meisten von uns intuitiv verständlich, auch wenn sie nicht bewusst als Kriegsmetapher identifiziert werden. Bevor die Diskutanten neue Metaphern aufgrund dieser Leitmetapher prägen, musste sich die Metapher Krieg im öffentlichen Diskurs weitgehend etablieren. Dann sind weitere Ableitungen möglich. Auch wenn man den Autor einer Leitmetapher identifizieren könnte, wäre die Weiterentwicklung durch Ableitungen von neuen Metaphern nicht mehr vom Autor der ersten Metapher kontrollierbar.

Wenn man also annehmen will, dass Genetiker durch ihre Metaphern eine bestimmte Interpretation von Genetik erwirken können, muss man auch annehmen, dass die diskursive Wirkung von Metaphern oder gar Leitmetaphern vorhersagbar ist und bestimmte Ableitungen von diesen Leitmetaphern mehr oder weniger notwendig sind. Diese Kritik bezieht sich zwar nur auf metaphorische Aussagen, aber gerade von diesen kann man annehmen, dass sie einen starken Einfluss auf die öffentliche Wahrnehmung der Genetik haben. Dies mag zunächst abstrakt klingen, deshalb stelle ich im Folgenden einige Beispiele für die Verwendung von Metaphern vor.

## 10.5 Gen-Metaphern im öffentlichen Diskurs

Eine Analyse der Gen-Metaphern in der Öffentlichkeit setzt voraus, dass ihr eine repräsentative Auswahl von Texten zugrunde liegt, die Schlüsse zulässt. Dem folgenden Teil liegt eine Studie zugrunde, zu der ich Methoden und Textauswahl in einer Monographie ausführlich erläutert habe (Kovács 2009). Als Quellen dienten 5 Jahrgänge der medienprägenden Tageszeitungen Frankfurter Allgemeine Zeitung (FAZ) und Süddeutsche Zeitung (SZ) von 2001 bis 2005. Die Fülle der vorgefundenen Metaphern habe ich primär drei Leitmetaphern zugeordnet, welche in den Texten in der Regel nicht erscheinen, doch immer mitgedacht werden müssen, damit die Metaphern verständlich sind. Diese sind:

1. Gen als Person,
2. Gen als Text und
3. Gen als Maschine.

### 10.5.1 Gen als Person

Person-Metaphern sind eine Untergruppe von Aktivitätsmetaphern, welche im wissenschaftsinternen Diskurs keine Rarität sind. In der Laborsprache können Moleküle „wandern", aneinander „andocken", aus Rohstoff wichtige Moleküle „produzieren" etc. Auch Gene werden dementsprechend als aktive molekulare Entitäten beschrieben. Diese Aktivitäten gehen aber in der Laborsprache nicht mit der Vorstellung einher, als hätten Gene die Freiheit, eine Wirkung zu entfalten oder nicht. Solche Vorstellungen machten sich erst im öffentlichen Diskurs breit, besonders nach dem berühmten Buch von Richard Dawkins „The Selfish Gene" von 1976 (Dawkins 1976). Was in der Genetik noch als Aktivitätsmetapher galt, bekommt in der öffentlichen Darstellung vielfach eine lebensnahe Form, sodass Gene nicht nur mit Aktivität, sondern mit alltäglichen Eigenschaften einer Person verständlich gemacht oder „geschmückt" werden. Häufig sind es die gleichen Metaphern, wie sie Wissenschaftler in der Laborsprache verwenden, aber im neuen Kontext werden sie mit anderen Bedeutungen und Assoziationen verbunden. Erscheinungsformen der Leitmetapher „Gen als Person" habe ich hier in vier Kategorien eingeteilt: Gesundheit, Aufgabe, Moral und Staat.

*Gesundheit*

Zeitungsartikel beschreiben Gene häufig als lebendige Substanzen, die für sich erkranken oder gesund bleiben können. Diese Beschreibung ist zunächst nur der Vereinfachung der komplizierten wissenschaftlichen Sprache zu verdanken, führt aber letztendlich zu einer veränderten Wahrnehmung und möglicherweise zu überzogenen Erwartungen gegenüber der Genetik.

> „Wir wissen heute, dass Krebs eine Krankheit der Gene und Moleküle ist." (SZ 18.10.2005)

> „Sobald man die Einzelheiten der genetischen Disposition und des Erbgangs kennt, könnte man deshalb eine somatische Gentherapie versuchen, also das oder die gesunden Gene in die durch die Krankheit betroffenen Gehirnzellen einschleusen." (FAZ 09.03.2001)

> „Ein wichtiges Gen in einer wichtigen Stammzelle hat eine durchschnittliche Lebensdauer von etwa fünfzig Jahren." (FAZ 13.02.2001)

Wenn Gene laut Metapher krank werden und sterben können, liegt es auf der Hand, dass nicht der Patient, sondern seine kranken Gene geheilt werden müssen. Nur die Heilung der Gene führt zur richtigen Heilung und alles andere scheint nur eine oberflächliche Therapie zu sein. Dies klingt für Nicht-Experten gar nicht absurd. In diesem Fall ist die Erwartung angemessen, dass die Gene therapiert werden („Gentherapie"!) und nicht der Patient. Daraus lässt sich der falsche Schluss ziehen: Die Medizin soll primär das Gen heilen, wobei der Patient wieder aus dem Fokus rückt. Der Perspektivenwechsel ist nicht ungefährlich, denn er rechtfertigt die Relativierung des patientenorientierten Handelns in der Medizin.

*Aufgabe*

Gene spielen eine zentrale Rolle im Organismus. Ihnen wird deshalb eine Reihe von „Aufgaben" metaphorisch zugeschrieben. Streng genommen stellen diese Aufgaben immer nur den Anfang eines Kreises dar, denn das, was Gene „bewirken" sollen, setzt die Zusammenarbeit von unterschiedlichen Molekülen der Zelle voraus, die wiederum durch die Zusammenarbeit von Genen und anderen Molekülen entstehen. Trotzdem werden Gene regelmäßig als Ausgangspunkt eines Geschehens dargestellt. Im Forschungsdiskurs dient diese Metapher zur Abkürzung und mag von Vorteil sein, besonders in der experimentellen Phase, in der ohnehin solche Startpunkte bestimmt werden müssen. In der Öffentlichkeit hat eine solche Darstellung problematischere Folgen. Gene scheinen nach dieser Metapher selbständige Akteure zu sein:

> „Die meisten Gene haben mehrere Wirkungen." (SZ 15.07.2003)

> „Gene erzwingen tatsächlich sehr wenig, aber sie ermöglichen ungeheuer viel, darin liegt ihre wahre Macht." (SZ 25.06.2001)

Die Macht, etwas zu tun, ist in der Alltagssprache mehr als eine statistische Korrelation mit Phänomenen, und die metaphorische Botschaft, die damit vermittelt wird, geht weit über den Erklärungsanspruch der Genetik hinaus. In diesen Beschreibungen wird mehr Wert auf allgemeinverständliche Formulierungen gelegt als auf die wissenschaftliche Korrektheit. Durch ihre Arbeit bewirken Gene verschiedene, teilweise äußerst komplizierte und vielfältige Erscheinungen im Körper. Dass diese Wirkung der Gene auf eine indirekte Weise erfolgt, wird durch die Metapher verborgen. Das Gen erwirkt metaphorisch direkt die phänotypischen Eigenschaften:

> „[...] dass ein Gen alle Aspekte der sexuellen Orientierung und des sexuellen Verhaltens spezifiziert." (SZ 03.06.2005)

> „Sie haben eine Familie von rund tausend Genen beschrieben und erforscht, wie die Gene das Riech-Gewebe in der Nase aufbauen." (SZ 04.10.2004)

> „Gene [...], deren Funktion darin besteht, den Einfluss der Temperatur auf den Stoffwechsel und auf das Wachstum zu begrenzen." (FAZ 04.09.2001)

> „Das Gen p53 schützt, sofern es intakt ist, den Körper nicht nur vor Krebs. Es wirkt offenbar auch lebensverlängernd – zumindest bei Fadenwürmern." (FAZ 14.09.2001)

Gene spezifizieren die Aspekte der sexuellen Orientierung, sie bauen das Riech-Gewebe auf, begrenzen den Einfluss der Temperatur und schützen vor Krebs etc. Die Metapher-Aufgabe erweckt in einem ungeschickt gewählten Kontext beim Laien Assoziationen, als wären Gene die eigentlichen Akteure im Körper, und der Mensch selbst wäre nur sekundär, der Aufgabenerfüllung oder ihrer Aufgabenverweigerung ausgeliefert. Selbst im Fall einer monogenetischen Krankheit muss man von einer komplexen Erscheinung ausgehen, die für das gesamte Werk des Körpers viele weitere „Akteure" braucht. Das Gen hat in Wirklichkeit, selbst wenn der seltene Fall eintritt, dass eine 100 % Korrelation mit einem Phänomen festgestellt werden kann, keineswegs die ihm hier zugeschriebene Macht im Organismus. Mit solchen Metaphern wird der Öffentlichkeit manches implizit vorgetäuscht, was mit dieser Formulierung natürlich kein Wissenschaftler meint.

*Moral*

Eine weitere Art der Gen-Person-Metapher ist die Schuldzuweisung an ein Gen. Es kommt auch vor, dass dem Gen eine metaphorische Schuld zugeschrieben wird. Es ist die Instanz, die vor allem für die Schattenseiten des Lebens verantwortlich gemacht wird.

> „Wehleidigkeit hat einen Grund: Ein Gen ist schuld." (FAZ 21.02.2003)
>
> „Dieses Gen entscheidet über die Schwere der Erkrankung." (FAZ 31.12.2003)
>
> „Ein Gen entscheidet, wie lange eine Fliege lebt." (FAZ 29.09.2002)
>
> „So unterschiedlich die Krankheiten und Fehlentwicklungen sind – meist wird die Schuld auf ein Gen gewälzt." (FAZ 04.09.2002)

Diese Metapher kann im öffentlichen Diskurs einen besonderen Entlastungseffekt gegenüber persönlichen Defiziten haben. Wenn die Schuld dem Gen zugeschrieben werden kann, kann es einen von unbegründeten Schuldzuweisungen entlasten, die aus einem veralteten genetischen Denkmodell stammen. Andererseits kann die Beschreibung auch zur Abwertung eines Anlageträgers oder auch zur Abwertung von besonders guten Taten führen. Diese Beschreibungen implizieren ein Denkmodell, nach dem Verhaltensweisen auf einmal aus dem Gen allein abzuleiten sind und deshalb nicht mehr geschätzt oder kritisiert werden können, denn sie sind bloße genetische Produkte der Natur. Dabei übernehmen Gene die moralische Verantwortung.

*Staat*

Eine der häufigsten Metaphern der Person-Metaphorik des Gens stellt einen militärisch regierten Staat in der Zelle dar. In der Regel werden selbständige molekulare Akteure – vor allem Gene, aber auch andere Moleküle, wie Proteine oder Enzyme, oder sogar Molekülteile, wie der Methyl-Teil, – identifiziert, die in einem streng geordneten Staat mit totalitärem Charakter ihre Aufgaben erfüllen. Die Staat-Metapher war schon im 19. Jahrhundert eine mächtige Analogie zum Organismus, als Virchow und Häckel über die demokratische oder die aristokratische Struktur des Organismus stritten (Ohlhoff 2002). Die Metapher wurde durch die Molekularbiologie auch in die Genetik erfolgreich übertragen. Sie beschreibt im öffentlichen Diskurs fast immer eine theatralische Szene. Der Staat verteidigt sich gegen einen unaufhörlichen Angriff, der in der Darstellung des naturwissenschaftlichen Berichtes in eine dramatische Phase kommt. Akteure agieren als Soldatentruppen, Wächter, Abwehr usw.

> „P53 alarmiert daraufhin zelleigene Reparaturtrupps, die versuchen, die Schäden während des Zellteilungsstopps zu beheben. Gelingt ihnen das nicht, etwa weil sich der Schaden als zu groß erweist, opfert der ‚Wächter' die Zelle im Sinne des Gemeinwohls: [...] Ist diese Instanz jedoch selbst zum Opfer geworden, sind die Auswirkungen fatal." (SZ 18.10.2005)
>
> „Dieses Gen wird auch der ‚Wächter des Erbguts' genannt, denn es bewirkt den natürlichen Tod der Zelle, wenn diese zu alt oder defekt ist." (SZ 20.04.2004)

„Das Gen mit der Bezeichnung ‚R1' ist zwar nicht die einzige Erbanlage, die an der Abwehr beteiligt ist. Da sich die meisten dieser Gene in Pflanzen aber ähneln, stufen die Wissenschaftler R1 als Prototyp für Abwehrgene ein. Sobald der schädliche Pilz eine Pflanzenzelle attackiert, löst das von RI gebildete Eiweiß eine Signalkette aus, die in kürzester Zeit mehrere Abwehrreaktionen in Gang setzt. Wie viele Abwehrgene im Einzelnen daran beteiligt sind, ist freilich noch unklar." (FAZ 23.05.2002)

Gene werden in Zeitungsartikeln nie im Ruhezustand beschrieben. Sie müssen im Staat immer gerade in einem lebenswichtigen Einsatz sein. Diese Dramatisierung hat sicherlich einen wichtigen Medieneffekt, aber sie trägt nicht viel zur sachlichen Information bei. Solange diese Beschreibung die Erklärungsebene der Moleküle oder der Zelle nicht verlässt, überschreitet sie ihre Kompetenzen nicht und nichts ist an ihr auszusetzen. Wenn die Grenzen jedoch durch die Metaphern verwischt und nicht weiter geklärt werden, wird das Ziel der Berichterstattung fragwürdig.

Wenn solche Person-Metaphern in der Öffentlichkeit erscheinen, erwecken sie schnell den Anschein, dass das Leben der Organismen von Genen geführt, produziert und kontrolliert wird. Eine Absicht dahinter ist aber nicht nachzuweisen, wenn man annimmt, dass dieselben Formulierungen im wissenschaftlichen Diskurs ebenfalls verwendet werden. Das Problem besteht eher darin, dass die Öffentlichkeit darunter etwas ganz anderes versteht.

### 10.5.2 Gen als Text

Die meistverbreitete Leitmetapher der Genetik in der Öffentlichkeit ist die des Textes. Ihre illustrative Leistung wird von keiner anderen Metapher übertroffen. „Heute lernen wir die Sprache, in der Gott Leben geschaffen hat", verkündete US-Präsident Bill Clinton bei der feierlichen Bekanntgabe des vollständig sequenzierten menschlichen Genoms des Humangenomprojekts. Die Vorstellung, dass das Leben eigentlich in einer Sprache aufgeschrieben wurde, gehört ohne Zweifel zur westlichen Kultur. Das Genom wird in diesen Metaphern als ein einheitliches Kommunikationssystem dargestellt, das nach gleichen Prinzipien funktioniert wie menschliche Sprachen: Botschaften werden codiert, als Code übertragen und zum Verstehen der Botschaft entschlüsselt. Die Entschlüsselung des Genoms bedeutet in der Alltagsmetapher deshalb das vollständige Verstehen des Textes. Das Deutungsmodell des Textes wird durch die Metapher auf molekulare Erscheinungen übertragen und nicht nur in der Wissenschaft, sondern auch im öffentlichen Diskurs werden einzelne Phänomene nach der Leitmetapher „Text" identifiziert und benannt: „Transkription", „Ablesen", und „Code".

„Das Gen kann nicht mehr korrekt abgelesen werden." (FAZ 26.08.2004)

„[...] weil die Rot-Grün-Blindheit im Erbgut festgeschrieben ist." (SZ 25.11. 2004)

„Oder es entstehen fehlerhaft arbeitende Transkriptionsfaktoren, Proteine, deren Aufgabe es ist, unmittelbar an der Erbsubstanz (DNS) zu entscheiden, ob ein Gen – ein bestimmter Abschnitt der DNS – abgelesen wird oder nicht." (SZ 18.10.2005)

> „Diese Informationen sind bei allen Lebewesen in der gleichen ‚Sprache' co-
> diert, so dass menschliche Zellen von jeher auch die in der Nahrung enthal-
> tenen Gene von Pflanzen und Tieren lesen und übernehmen könnten." (SZ
> 12.01.2004)

Auf den ersten Blick haben diese Metaphern ähnliche Funktionen wie die gleich
lautenden Formulierungen in der Laborsprache. Man könnte meinen, dass die
Metaphern zum Fachjargon gehören und dort eine klare Definition besitzen, die der
Laie nachschlagen könnte. Diese Erwartung kann aber nicht immer erfüllt werden,
denn auch der Fachjargon verwendet diese Begriffe zum Teil nur als Metaphern.
Im öffentlichen Diskurs machen Text-Metaphern jedoch über die fachlich mehr
oder weniger angemessene Beschreibung dieser Prozesse hinaus noch eine eigene
Botschaft möglich, die in keiner anderen Metapher der Öffentlichkeit zu finden
war. Sie können zwei Ebenen der genetischen Mechanismen definieren, sodass
Sprache als Wortlaut oder Syntax (DNS) und Bedeutung oder Semantik (Phänomen)
trennbare Größen werden:

> „Seit der Entdeckung der Erbsubstanz bemühen sich Wissenschaftler in aller
> Welt, das ‚Alphabet des Lebens' zu entschlüsseln. [...] Inzwischen ist die Rei-
> henfolge der Buchstaben im menschlichen Erbgut nahezu vollständig bekannt.
> Nun muss man noch lernen, den Text richtig zu lesen." (SZ 05.03.2001b)

> „Auch wenn die Wissenschaftler nun die Reihenfolge der vier Basen in unserer
> DNS, den Buchstaben, aus denen das Alphabet des Lebens besteht, kennen –
> die Funktion der über 30 000 Gene, die darin versteckt sind, haben sie dann
> noch lange nicht verstanden. [...] Die vier Basen bilden die ‚Buchstaben'
> im ‚Alphabet des Lebens'. Sie sind die Schrift, mit der die Erbinformation
> festgehalten wird." (SZ 05.03.2001a)

> „Auch das Ende des genetischen Informationstextes kann variieren." (FAZ 14.02.
> 2001)

> „Seit der Entdeckung der Erbsubstanz bemühen sich Wissenschaftler in aller
> Welt, das ‚Alphabet des Lebens' zu entschlüsseln." (SZ 05.03.2001b)

Dass die Trennung zwischen Syntax und Semantik in der DNA im öffentlichen
Diskurs nicht immer deutlich zu erkennen ist, ist teilweise der frühen irrtümli-
chen Annahmen der Forschung zu verdanken. Diese Unterscheidung war bis in die
1990er Jahre auch im wissenschaftlichen Diskurs nicht die Regel. Journalisten haben
hier offensichtlich noch einen Nachholbedarf. Die neue Interpretation wird aber gerade durch das „produktive Missverständnis" der Metaphorik in der Öffentlichkeit
gehemmt, denn große Versprechen und Entschlüsselung des codierten Geheimnis-
ses des Lebens vermitteln dem Laien ein Bild der Bedeutsamkeit von der Genetik,
auf das die Wissenschaft nicht verzichten möchte – und solche Bilder haben eine
starke Beharrungstendenz.

### 10.5.3 Gen als Maschine

Genetische Information wird in der Öffentlichkeit vor allem durch die metaphorische Auslegung des Informationsbegriffes verstanden. Dazu dienen unterschiedliche Maschinen als Vorlage: Autopoietische, kybernetische und elektronisch durch

eine Software gesteuerte Maschinen (Computer) sind zu Modebegriffen geworden. Im Inneren solcher Maschinen rotieren Signale, die zu bestimmten Zeiten unter bestimmten Umständen hin und her geschaltet werden, sie lösen Reaktionen aus, steuern Prozesse, um ein Produkt hervorzubringen und den Organismus am Leben zu erhalten. Diese Vorgänge werden als Informationsfluss dargestellt. Jedes Geschehen ist mit der Übertragung von Information charakterisierbar. Insbesondere gilt diese Beschreibung für die genetische Information.

„Am Beispiel eines zellulären Kontaktmoleküls, der in mehreren Varianten vorkommenden CD44-Struktur [Gen], ließ sich nachvollziehen, wie eine an der Zelloberfläche empfangene Information letztlich bewirkt, dass eine bestimmte Molekülvariante und nicht eine alternative Form entsteht. Erhält die Zelle aus ihrer Umgebung etwa durch einen Wachstumsfaktor den Auftrag, sich zu teilen, wird die Information über ein Ras genanntes Protein im Zellinnern weitergeleitet. Dieses aktiviert dann jene Kinase, die das Sam68-Protein, den Regulator des CD44-Spleißens, auf den Plan ruft." (FAZ 08.01.2003)

„Jenseits aller Spekulationen ist das ‚Buch des Lebens', als welches das menschliche Genom so gerne bezeichnet wird, eine gewaltige Datengenerierungsmaschine." (SZ 18.01.2005)

„Durch Aktivierung dieses Gens, das man mit einem zusätzlichen Genschalter ausschaltete, wurden die Vorläuferzellen plötzlich auch im Körper aktiv." (FAZ 13.03.2002)

Weil die Prozesse für die Darstellung immer aus dem biologischen Kontext gerissen und in einem maschinellen Kontext eingebettet beschrieben werden, kann beim Leser der Eindruck entstehen, dass die genannte Information wie in der Maschine durch andere Informationsträger ergänzt oder ausgetauscht und dadurch der Mechanismus repariert oder verbessert werden kann. Dem Anschein nach ist die Wissenschaft bald in der Lage, die Steuerung dieser Prozesse selbst in die Hand zu nehmen, bewusst durch „Umschalten" Abwehrmechanismen in Gang zu setzen, ein fehlendes Signal zu ergänzen oder ein krank machendes Signal zu löschen. Dieses mechanistische Bild vermittelt die Idee der Machbarkeit und kann Laien zu falschen Erwartungen gegenüber der Genetik verführen. Computer-Metaphern vermitteln darüber hinaus eine weitere Analogie: Lebewesen sind in diesem Sinne genetisch „vorprogrammiert". Dieses Programm, die Software, läuft nach gleichen Mechanismen ab wie in Computern.

„Die ersten zwei bis drei Wochen nach dem Schlüpfen sind die Arbeiterinnen mit der Pflege des Nestes und des Nachwuchses beschäftigt. In dieser Zeit werden sie von Artgenossinnen mit Nahrung versorgt. Erst danach stoßen sie zu der Gruppe jener Arbeiterinnen, die bei schönem Wetter ausfliegen und auf Nektarsuche gehen. Bei diesem sozialen ‚Aufstieg' kommt es offenbar zu einer Umprogrammierung eines Gens namens ‚for' [...]. Offenbar spielt diese genetische Umprogrammierung für die Stellung und die Aufgabe der Bienen im Nest eine ganz entscheidende Rolle." (FAZ 27.04.2002)

„Die Zelle mit dem defekten Selbstmordprogramm [...]. Die Gentherapie will versuchen, diese Falschprogrammierung zu unterbrechen." (SZ 27.10.2001)

„Viele Missbildungen, die beim Klonen von Tieren durch Kerntransfer beobachtet wurden, sind nach Ansicht japanischer Forscher auf ein gestörtes genetisches Imprinting und damit auf eine gestörte Reprogrammierung des Spender-
Erbgutes zurückzuführen." (FAZ 11.02.2002)

Computer-Metaphern bleiben der Vorstellung treu, dass Lebewesen nach dem
Modell einer binären Datenverarbeitung programmiert und programmierbar sind
und dass die genetische Information zum gleichen Informationsbegört wie
bei Computersprachen. Missverständnisse entstehen vor allem, wenn aus dem genetischen Programm eine Erklärung für komplexe Merkmale abgeleitet wird. Das, was
genetisch ist, steht als eine Frage an die Informatik da. Die Metaphern klammern alle
anderen Aspekte als die der Informationsübertragung aus, was dazu führt, dass die
Aufmerksamkeit auf die Machbarkeit gerichtet wird und viele soziale und ethische
Aspekte der Genetik im öffentlichen Diskurs weniger beachtet werden.

## 10.6 Schluss

Nun will ich zur Frage nach der Entstehung der öffentlichen Deutung der genetischen Information zurückkehren. Ich konnte am Anfang zeigen, dass die Gesellschaft übertriebene Erwartungen gegenüber der Genetik pflegt. Nach einigen Analysen (vgl. Gerhards/Schäfer 2006) entstand der Eindruck, dass Genetiker für diese
übertriebenen Erwartungen selbst verantwortlich sind und diese Erwartungen unterstützen, weil sie ihnen wissenschaftspolitisch nützlich sind. Dem ist nur zum Teil zu-
zustimmen. Es gibt gute Beispiele dafür (s. Kap. 10.3), aber eine Verallgemeinerung
ist nur mit gewissen Vorbehalten zu rechtfertigen. Wenn man die metaphorischen
Darstellungen genauer unter die Lupe nimmt, erkennt man, dass Metaphern zwar einerseits tatsächlich als Grundlage von Fehldeutungen dienen können, andererseits
aber diese Fehldeutungen nicht exakt geplant werden können. Es ist zwar denkbar, dass auch Metaphern durch bewusste Öffentlichkeitsarbeit der Genetiker – wie
Gerhards und Schäfer gezeigt haben – zur Machterhöhung der Genetik eingesetzt
wurden. Es ist auch nicht zu bezweifeln, dass der Begriff „genetische Information"
so wie andere Metaphern im öffentlichen Diskurs eine *hidden agenda* mit sich trägt.
Die Erfahrung zeigt, dass manche gut getroffenen metaphorischen Formulierungen
durchaus effektiv eingesetzt werden können – z. B. das Genom als Buch des Lebens
in Anspielung an die Ablösung einer religiösen Auslegung von Lebensfragen. Ob
diese Metaphern aber im Diskurs zur gewünschten gesellschaftlichen Ikone werden,
lässt sich nicht vorausbestimmten. Metaphern können auch in eine Gegenwirkung
umschlagen und dazu lassen sich keine übergreifenden Gesetzmäßigkeiten finden.
Die Öffentlichkeit denkt metaphorische Aussagen auf eine unplanbare Weise weiter.
Manche Zusammenhänge werden entdeckt und betont, andere verschwiegen. Ob
Metaphern von Laien letztendlich als erwartungsvoll oder als beängstigend gedeutet
werden, hängt von einem komplexen Wahrnehmungsprozess ab. Dieser Prozess ist
von Wissenschaftlern nicht kalkulierbar.
    Der zweite Kritikpunkt an der Interpretation von Gerhards und Schäfer, dass näm-
lich die öffentliche Hegemonie der Genetik durch eine taktisch kluge Öffentlichkeitsarbeit erreicht wurde, lässt sich dadurch widerlegen, dass die vorgefundenen

Metaphern, die eine solche Hegemonie unterstützen sollten, fast in der selbigen Form in der Wissenschaftssprache bereits etabliert waren und erst dann aus dem Wissenschaftsdiskurs in die Öffentlichkeit übertragen wurden. An den vorgestellten Beispielen ist also zu erkennen, dass wirksame Deutungsstrukturen nicht mit der Intention geprägt wurden, die öffentliche Debatte anzuregen. Diese Metaphern haben erst mit der Zeit das Labor durch die Berichte der einzelnen Wissenschaftler verlassen und haben ihren Weg im öffentlichen Diskurs beschritten. Im wissenschaftlichen Diskurs wurden die Inhalte durch die Forschung immer weiter geklärt, verfeinert, geändert. Die Genetik ist in ihren Aussagen bescheidener geworden und die Erklärungsansprüche sind kleiner geworden. In der Öffentlichkeit hingegen haben diese Metaphern keine Kontrolle erfahren. Sie regten vielmehr die Phantasie an und trugen zur Herausbildung der Vorstellungen bei, die am Anfang dieses Beitrags als Ergebnisse von Nelkin und Lindee und von mir gesammelt wurden.

Da sich der wissenschaftliche Diskurs von dem öffentlichen in den letzten Jahren entfernt hat und die öffentlichen Vorstellungen zu schwerwiegenden Problemen im Umgang mit der genetischen Information führten, wäre es nun dringend, dass die öffentliche Meinung korrigiert bzw. an die veränderte wissenschaftliche Erwartung angeglichen wird. Das Schließen der entstandenen Kluft zwischen den immer bescheideneren wissenschaftlichen Aussagen und den herkömmlich hohen öffentlichen Erwartungen an die Genetik ist die Aufgabe von Genetikern und Journalisten zugleich. Genetiker sollen falsche Interpretationen in der Öffentlichkeit erkennen und korrigieren. Journalisten sollen sich in ihren Formulierungen um die Überwindung der Mehrdeutigkeit der genetischen Information bemühen. Das ist keine einfache Aufgabe, besonders wenn man bedenkt, dass der Informationsbegriff auch in der Wissenschaft Jahrzehnte lang missverstanden wurde (Kay 2001). Es wird lange dauern, bis die Öffentlichkeit unangemessene Interpretationen der genetischen Information verabschiedet, umso dringender ist die Auseinandersetzung mit den Handlungsmöglichkeiten. Die etablierten Metaphern sollten dabei am besten nicht gemieden sondern erklärt werden, denn Metaphern sind in der Formung der öffentlichen Meinung weiterhin eines der effektivsten und beständigsten sprachlichen Mittel.

## Literaturverzeichnis

American College of Obstetricians and Gynecologists and The American College of Medical Genetics (2001): Cystic Fibrosis Carrier Testing: The Decision is Yours, ACOG Washington DC, http://www.acog.org/from_home/wellness/cf001.htm (gesehen am 12.05.2009).

Black M. (1996): Die Metapher, in: Haverkamp A. (Hrsg.): *Theorie der Metapher*, Darmstadt: Wissenschaftliche Buchgesellschaft, S. 55–79.

Bundestag (1990): Embryonenschutzgesetz (ESchG), http://bundesrecht.juris.de/bundesrecht/eschg/gesamt.pdf (gesehen am 14.05.2009).

Cystic Fibrosis Foundation (2009): Genetic Carrier Testing, http://www.cff.org/AboutCF/Testing/GeneticCarrierTest/ (gesehen am 12.05.2009).

Dawkins R. (1976): *The Selfish Gene*, Oxford: Oxford University Press.

Deutsche Forschungsgemeinschaft DFG (2008): Gemeinsame Stellungnahme der Deutschen Forschungsgemeinschaft, der Max Planck Gesellschaft und der Leibniz Gemeinschaft zum Vorschlag der EU Kommission für eine Richtlinie des Europäischen Parlaments und des Rates zum Schutz der für wissenschaftliche Zwecke verwendeten Tiere (873/08), http://www.dfg.de/dfg_im_profil/struktur/gremien/senat/kommissionen_ausschuesse/senatskommission_tierexperimentelle_forschung/download/stellungnahme_dfg_mpg_lb.pdf (gesehen am 15.05.2009).

Gerhards J./Schäfer M. S. (2006): *Die Herstellung einer öffentlichen Hegemonie. Humangenomforschung in der deutschen und der US-amerikanischen Presse*, Wiesbaden: Verlag für Sozialwissenschaften.

Gilbert W. (1992): A Vision of the Grail, in: Kevles D. J./Hood L. (Hrsg.): *The Code of Codes. Scientific and Social Issues in the Human Genome Project*, Massachusetts: Harvard University Press, S. 83–97.

Heilbronner Phantom (2009): http://de.wikipedia.org/wiki/Heilbronner_Phantom (gesehen am 13.05.2009).

Hilbert A. (2006): Genetik und Stigmatisierung, http://www.uni-marburg.de/nfg-adipositas/forschung/diskstigma (gesehen am 22.05.2009).

Humatrix AG (2009): Vaterschaftstests, www.vaterschaftstests.net (gesehen am 14.05.2009).

Kay L. E. (2001): *Das Buch des Lebens. Wer schrieb den genetischen Code?* München: Hanser Verlag.

Kommission der Europäischen Gemeinschaft (2008): Vorschlag für eine Richtlinie des Europäischen Parlaments und des Rates zum Schutz der für wissenschaftliche Zwecke verwendeten Tiere, Vorlage der Kommission, http://eur-lex.europa.eu/LexUriServ/LexUriServ.do?uri=COM:2008:0543:FIN:DE:PDF (gesehen am 15.05.2009).

Kovács L. (2009): Medizin – Macht – Metaphern. Sprachbilder in der Humangenetik und ethische Konsequenzen ihrer Verwendung. Frankfurt am Main: Peter Lang Verlag.

Lakoff G./Johnson M. (2003): *Metaphors We Live By*, Chicago: University of Chicago Press.

Lösch A. (2001): *Genomprojekt und Moderne. Soziologische Analysen des bioethischen Diskurses*, Frankfurt/M.: Campus.

Marx-Stölting L. (2006): *Pharmakogenetik und Pharmakogentests: Biologische, wissenschaftstheoretische und ethische Aspekte des Umgangs mit genetischer Variation*, Berlin: LIT Verlag.

Milmo C. (2007): Fury at DNA pioneer's theory: Africans are less intelligent than Westerners. *The Independent*, 17.10.2007. http://www.independent.co.uk/news/science/fury-at-dna-pioneers-theory-africans-are-less-intelligent-than-westerners-394898.html (gesehen am 14.05.2009).

Minnesota Center for Twin & Family Research (2009): Minnesota Twin Study of Adult Development, http://mctfr.psych.umn.edu/research/UM%20research.html (gesehen am 14.05.2009).

Nationaler Ethikrat (2003): Genetische Diagnostik vor und während der Schwangerschaft, Stellungnahme, http://www.ethikrat.org/stellungnahmen/pdf/ Stellungnahme_Genetische-Diagnostik.pdf (gesehen am 12.05.2009).

Nelkin D./Linde M. S. (1995): *The DNA Mystique, The Gene as a Cultural Icon*, New York: W. H. Freeman and Company.

Ohlhoff D. (2002): Das freundliche Selbst und der angreifende Feind. Politische Metaphern und Körperkonzepte in der Wissensvermittlung der Biologie, http: //www.metaphorik.de/03/ohlhoff.htm (gesehen am 22.07.2008).

Prainsack B./Siegal G. (2006): The Rise of Genetic Couplehood? A Comparative View of Premarital Genetic Testing. *Biosocieties*, 1/1, S. 17–36.

Richards I. A. (1996): Die Metapher, in: Haverkamp A. (Hrsg.): *Theorie der Metapher*, Darmstadt: Wissenschaftliche Buchgesellschaft, S. 31–52.

Scharmann W. (2003): Unsere bepelzten, gefiederten und geschuppten Verwandten, zur Entwicklung des Tierschutzes, http://www.ugii.net/umwelt/schriften/ 2003--1ws-tierschutz.html (gesehen am 14.05.2009).

Watson J. (1989): Time Magazine 20 March 1989.

Weingart P. (2001): *Die Stunde der Wahrheit? Zum Verhältnis der Wissenschaft zu Politik, Wirtschaft und Medien in der Wissensgesellschaft*, Weilerwist: Velbrück Wissenschaft.

# 11 Autorenverzeichnis

**Dr. Tamara Fischmann** studierte Physiotherapie an der Universität Tel Aviv, Israel, und Psychologie an der Johann Wolfgang Goethe-Universität Frankfurt am Main. 1996–2003 erfolgte eine Psychoanalytische Weiterbildung am Frankfurter Psychoanalytischen Institut, 1999 die Approbation als Psychologische Psychotherapeutin; seit 2000 ist Tamara Fischmann niedergelassen in eigener Praxis. Promotion 2001 im Fachbereich Medizin der Universität Frankfurt. Zudem ist Tamara Fischmann seit 1995 als klinisch wissenschaftliche Mitarbeiterin am Sigmund-Freud-Institut in Frankfurt/M. tätig. Unter den hier durchgeführten Forschungsprojekten ist im Kontext des vorliegenden Buches insbesondere das EU-Forschungsprojekt „Ethical Dilemmas due to Prenatal and Genetic Diagnostics (EDIG)" zu nennen.

Dr. Tamara Fischmann, Sigmund-Freud-Institut, Myliusstraße 20, 60323 Frankfurt am Main, dr.fischmann@sigmund-freud-institut.de

**Prof. Dr. med. Wolfram Henn**, geb. 1961, ist Professor für Humangenetik und Ethik in der Medizin an der Universität des Saarlandes. Nach der Ausbildung zum Facharzt für Humangenetik (1989–1995) erfolgte 1996 die Habilitation für Humangenetik und 2002 zusätzlich für Ethik in der Medizin. Seit 2004 ist Wolfram Henn Leiter der Genetischen Beratungsstelle und Koordinator des Querschnittsbereichs „Geschichte, Theorie, Ethik der Medizin" an der Universität des Saarlandes in Homburg, seit 2005 Vorsitzender der Kommission für Grundpositionen und ethische Fragen der Deutschen Gesellschaft für Humangenetik, und seit 2007 Mitglied der Zentralen Ethikkommission bei der Bundesärztekammer. Forschungsschwerpunkte: Ethische Probleme humangenetischer Diagnostik; psychosoziale Aspekte genetischer Beratung.

Prof. Dr. med. Wolfram Henn, Genetische Beratungsstelle, Universitätskliniken, Geb. 68, 66421 Homburg/Saar, wolfram.henn@uks.eu

**PD Dr. Elisabeth Hildt** studierte Biochemie in Tübingen und München und promovierte 1995 im Rahmen des Graduiertenkollegs „Ethik in den Wissenschaften" der Universität Tübingen. Anschließend war sie als Koordinatorin des „European Network for Biomedical Ethics" tätig, dann folgte Forschungs- und Lehrtätigkeit am Münchner Institut Technik-Theologie-Naturwissenschaften (TTN) und am Institut für Medizinische Psychologie der Ludwig-Maximilians-Universität München. Von 2002 bis 2008 arbeitete Elisabeth Hildt als Wissenschaftliche Assistentin am Lehrstuhl für Ethik in den Biowissenschaften der Universität Tübingen. Dort erfolgte im Jahr 2005 die Habilitation. Seit Oktober 2008 ist sie am Philosophischen Seminar der Universität Mainz tätig.

PD Dr. Elisabeth Hildt, Johannes Gutenberg-Universität Mainz, Philosophisches Seminar, Jakob Welder-Weg 18, 55099 Mainz, hildt@uni-mainz.de

**Dr. László Kovács,** geb. 1974, hat Germanistik und Theologie in Ungarn und Österreich sowie Angewandte Ethik in Belgien studiert. 2003 erwarb er den European Master in Bioethics an den Universitäten Nijmegen, Basel, Leuven und Padova. Anschließend promovierte er in Bioethik innerhalb des Graduiertenkollegs „Bioethik" der Universität Tübingen am Interfakultären Zentrum für Ethik in den Wissenschaften zum Thema Metaphern in der Genetik. Seit 2008 ist er Akademischer Rat am Lehrstuhl für Ethik in den Biowissenschaften in Tübingen. Sein weiterer Forschungsschwerpunkt liegt in der klinischen Ethik, besonders in der Perinatalmedizin.

Dr. László Kovács, Universität Tübingen, Lehrstuhl für Ethik in den Biowissenschaften, Wilhelmstraße 19, 72074 Tübingen, laszlo.kovacs@uni-tuebingen.de

**Dr. phil. Katrin Luise Läzer**, Dipl.-Psych., Dipl.-Soz.Wiss. ist seit 2007 als Wissenschaftliche Mitarbeiterin am Sigmund-Freud-Institut in Frankfurt/M. unter anderem im EU-Forschungsprojekt „Ethical Dilemmas due to Prenatal and Genetic Diagnostics (EDIG)" tätig. Seit Januar 2008 arbeitet sie zudem als Wissenschaftliche Mitarbeiterin und Lehrbeauftragte am Institut für Psychoanalyse der Universität Kassel. Seit 2007 Ausbildung zur Psychoanalytikerin am Frankfurter Psychoanalytischen Institut (DPV). Die Promotion erfolgte 2008 im Bereich Sozialwissenschaften an der Humboldt-Universität zu Berlin.

Dr. phil. Katrin Luise Läzer, Sigmund-Freud-Institut, Myliusstraße 20, 60323 Frankfurt am Main, laezer@sigmund-freud-institut.de

**Prof. Dr. Marianne Leuzinger-Bohleber** wurde in der Schweiz geboren. Sie studierte Medizin, klinische Psychologie und deutsche Literatur an der Universität Zürich. 1980 promovierte sie und ist seit 1981 als Psychoanalytikerin tätig. Seit 1988 lehrt sie an der Gesamthochschule Kassel, wo sie 1996 das Institut für Psychoanalyse begründete, dem sie vorsteht. Seit 2002 ist Marianne Leuzinger-Bohleber geschäftsführende Direktorin des Sigmund-Freud-Instituts in Frankfurt am Main und Leiterin des Forschungsschwerpunktes „Theoretische und empirisch/experimentelle psychoanalytische Grundlagenforschung". Von 2005 bis 2008 leitete sie das EU-Forschungsprojekt „Ethical Dilemmas due to Prenatal and Genetic Diagnostics (EDIG)". Sie ist Mitglied der wissenschaftlichen Beiräte verschiedener Fachpublikationen zu Psychiatrie, Psychologie und Psychoanalyse.

Prof. Dr. Marianne Leuzinger-Bohleber, Sigmund-Freud-Institut, Myliusstraße 20, 60323 Frankfurt am Main, m.leuzinger-bohleber@sigmund-freud-institut.de

**Volker Obst**, geb. 1955, Elektroingenieur, studierte zwischen 1977 und 1982 an der Technischen Universität Dresden. Seine Frau ist seit 1987 von der Huntington'schen Erkrankung betroffen. Seit 1994 ist die Frau schwerstpflegebedürftig. Herr Obst ist pflegender Angehöriger. Er war 13 Jahre Vorstandsvorsitzender der Deutschen Huntington-Hilfe Berlin-Brandenburg e. V.

Volker Obst, Deutsche Huntington Hilfe e. V., Landesverband Berlin-Brandenburg, Frankfurter Allee 231 A, 10365 Berlin, volker.obst@dhh-ev.de

**Dr. Martina Paulsen** studierte zwischen 1985 und 1992 Lebensmitteltechnologie an der Technischen Universität Berlin und arbeitete bereits ab 1991 als Wissenschaftliche Mitarbeiterin am Institut für Genbiologische Forschung, Berlin. 1995 erfolgte ihre Promotion an der Technischen Universität Berlin, anschließend war sie als

Postdoktorandin an derselben Universität sowie an der Universität Cambridge in Großbritannien tätig. Seit 2001 arbeitet Martina Paulsen an ihrer Habilitation an der Universität des Saarlandes. Seit 2004 ist sie an dieser Universität Hochschuldozentin.

Dr. Martina Paulsen, Universität des Saarlandes, FR 8.3 Biowissenschaften, Genetik/Epigenetik, Naturwissenschaftlich-Technische Fakultät III, Postfach 151150, 66041 Saarbrücken, m.paulsen@mx.uni-saarland.de

**Nicole Pfenning**, Dipl.-Psych., studierte Psychologie an der Johannes Gutenberg-Universität Mainz. Seit 2005 ist sie als Wissenschaftliche Mitarbeiterin am Sigmund-Freud-Institut in Frankfurt am Main tätig und promoviert im Zusammenhang des EU-Forschungsprojektes „Ethical Dilemmas due to Prenatal and Genetic Diagnostics (EDIG)" zum Thema „Wissensmanagement in psychoanalytischen Forschungsprojekten". Neben ihrer wissenschaftlichen Tätigkeit ist sie in der Ausbildung zur Psychoanalytikerin am Frankfurter Psychoanalytischen Institut. Ihre Interessensschwerpunkte liegen im Bereich Forschungsmethodik, Therapiewirksamkeitsforschung und Wissensmanagement.

Nicole Pfenning, Sigmund-Freud-Institut, Myliusstraße 20, 60323 Frankfurt am Main, pfenning@sigmund-freud-institut.de

**Jürgen Robienski**, Rechtsanwalt, geboren 1968 in Hannover, hat ein Studium der Rechtswissenschaften in Hannover und Örebro (Schweden) absolviert. Seit 1996 ist er selbstständiger Rechtsanwalt (seit 2008 zugleich Fachanwalt für Arbeitsrecht) in Hannover (Kanzlei Danckert Böx Meier). Seit 2003 ist er zugleich Wissenschaftlicher Mitarbeiter an der Leuphana Universität Lüneburg und Doktorand von Prof. Dr. Jürgen Simon. Er ist Mitautor verschiedener nationaler und internationaler Publikationen und Gutachten zu rechtlichen Fragestellungen von Biobanken, Gendiagnostik, Gendoping und Enhancement u. a. für den Technologiefolgenausschuss des Deutschen Bundestages, TMF e. V., den Gendiagnostikbericht der BBAW.

Jürgen Robienski, Bahnhofstraße 15, 38539 Müden, robienski@aol.com

**Dr. Kirsten Schmidt**, geb. 1972 in Hagen, 1991–1997 Studium der Biologie an der Ruhr-Universität Bochum, anschließend Studium der Philosophie, 2007 Promotion mit der Arbeit „Tierethische Probleme der Gentechnik. Zur moralischen Bewertung der Reduktion wesentlicher tierlicher Eigenschaften". Seit 2006 ist Kirsten Schmidt Wissenschaftliche Mitarbeiterin in der Professur „Ethik in Medizin und Biowissenschaften" am Institut für Philosophie der Ruhr-Universität Bochum; dort arbeitet sie seit 2009 im Rahmen eines DFG-Projektes zum Thema Genkonzepte und genetischer Essentialismus.

Dr. Kirsten Schmidt, Ruhr-Universität Bochum, Institut für Philosophie, Universitätsstraße 150, 44801 Bochum, kirsten.schmidt@rub.de

**Prof. Dr. Jürgen Simon** hat Rechts- und Wirtschaftswissenschaften in Tübingen, Freiburg und München studiert und ist Vorstand des Instituts für Rechtswissenschaften an der Leuphana Universität Lüneburg. In den letzten Jahren hat er seine Forschungsarbeit neben dem Wirtschaftsrecht (Kapitalmarktrecht) im Wesentlichen auf Themen ausgerichtet, die mit Recht und Ethik der Biotechnologie sowie dem Umweltrecht verbunden sind. Er ist Verfasser und Herausgeber einer großen Anzahl von Büchern und Artikeln in diesen Bereichen.

Prof. Dr. Jürgen Simon, Universität Lüneburg, Institut für Rechtswissenschaften – Wirtschaftsrecht und Umweltprivatrecht, Scharnhorststraße 1, 21332 Lüneburg, juergen.simon@uni-lueneburg.de

**Dr. phil.** Dagmar Wolff studierte Musik in Berlin, Essen und Los Angeles sowie Physiotherapie in Essen und promovierte mit einem musikermedizinischen Thema zum Dr. phil. Seit 2006 ist sie Lehrbeauftragte für eine Kursreihe Musikermedizin an der Hochschule für Musik Luzern. Derzeit studiert sie Medizin und arbeitet an ihrer Promotion über den Status genetischer Information und den sogenannten „Genetischen Exzeptionalismus". Sie ist Post-Doc-Stipendiatin der Max-Planck-Gesellschaft und arbeitet am Max-Planck-Institut für neurologische Forschung in Köln.

Dr. Dagmar Wolff, Goethestraße 12, 79100 Freiburg, info@prof-wolff.de

**Prof. Dr. Gerhard Wolff** hat in Detmold und Düsseldorf Musik und Medizin studiert und an der Universität Düsseldorf in Medizin promoviert. 1978 begann er am Institut für Humangenetik der Universität Freiburg mit dem Aufbau der Genetischen Beratungsstelle, die er bis heute leitet. 1986 schloss er die psychotherapeutische Weiterbildung ab. Seit 1990 hat er eine eigene psychotherapeutische Praxis. 1989 erfolgt die Habilitation für das Fach Humangenetik. Er war von 1993 bis 2005 Vorsitzender der Kommission für Grundpositionen und ethische Fragen der Deutschen Gesellschaft für Humangenetik und bis 2008 Vorsitzender der Kommission Qualitätssicherung Genetische Beratung. Er arbeitet auch als Psychotherapeut mit humangenetischem Schwerpunkt und bietet darüber hinaus regelmäßig Fort- und Weiterbildungsseminare zu psychologischen und ethischen Grundlagen genetischer Beratung sowie zur Kommunikation in der Pränatalmedizin an.

Prof. Dr. Gerhard Wolff, Universität Freiburg, Institut für Humangenetik und Anthropologie, Breisacher Straße 33, 79106 Freiburg, gerhard.wolff@uniklinik-freiburg.de

# Stichwortverzeichnis

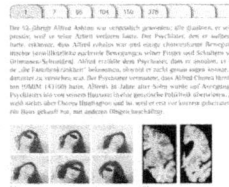

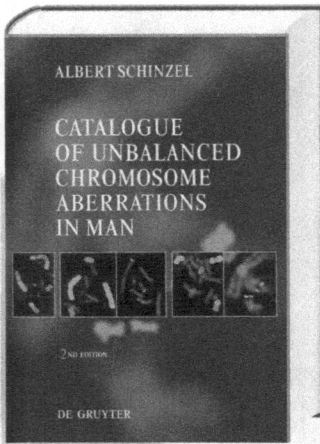

www.ingramcontent.com/pod-product-compliance
Lightning Source LLC
Chambersburg PA
CBHW081108220326
41598CB00038B/7274